JN074779

ロンドンの架空線整理と収容物の共同溝

史的検証を通して

鈴木悦朗
Suzuki Etsuro

風詠社

ストランド・マガジンの表紙（辻照彦氏　提供）1895年6月号

写真　シティのマンション・ハウスにおけるバンク電話交換局

出典元：BT Archives License 取得済

写真は1890年代のもので多くの架空ケーブルが四方に渡り、近くの建物すら見えにくくなるほどのスモッグに覆われている様子が分かる。

写真　ロンドンの電話交換局

出典元：BT Archives License 取得済

「やぐら」の写真は1890年代のもので、電話線の絶縁碍子は役目を終え、ケーブルに置き換わっている。BTには1879年から1900年初めまでの多くの写真があるが、いずれもスモッグに深く覆われている。

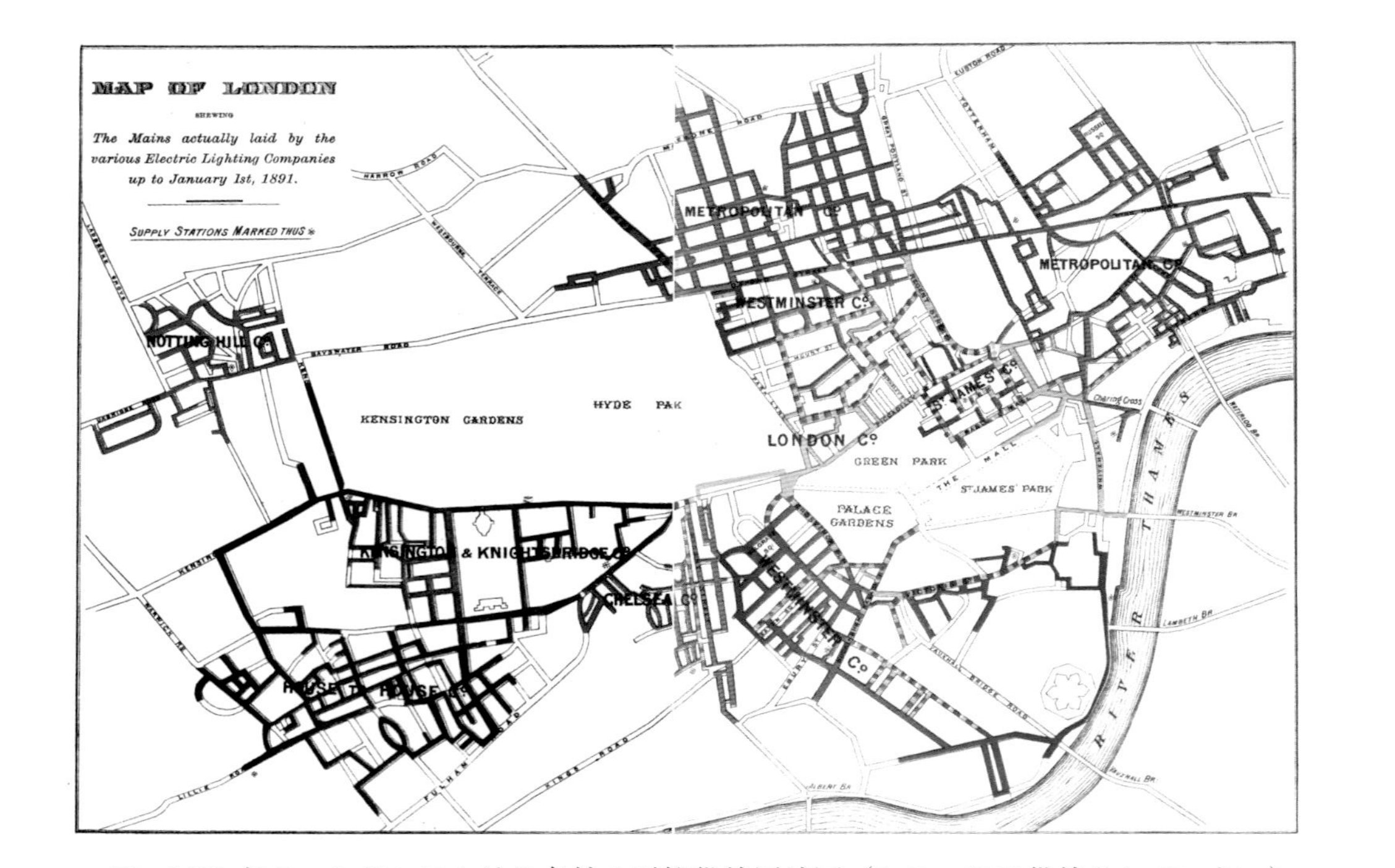

図　1891年のロンドンにおける各社の電燈供給区域図（シティには供給されていない）

出典元：「The Electrician」, Jan 30, 1891年, p.390~391

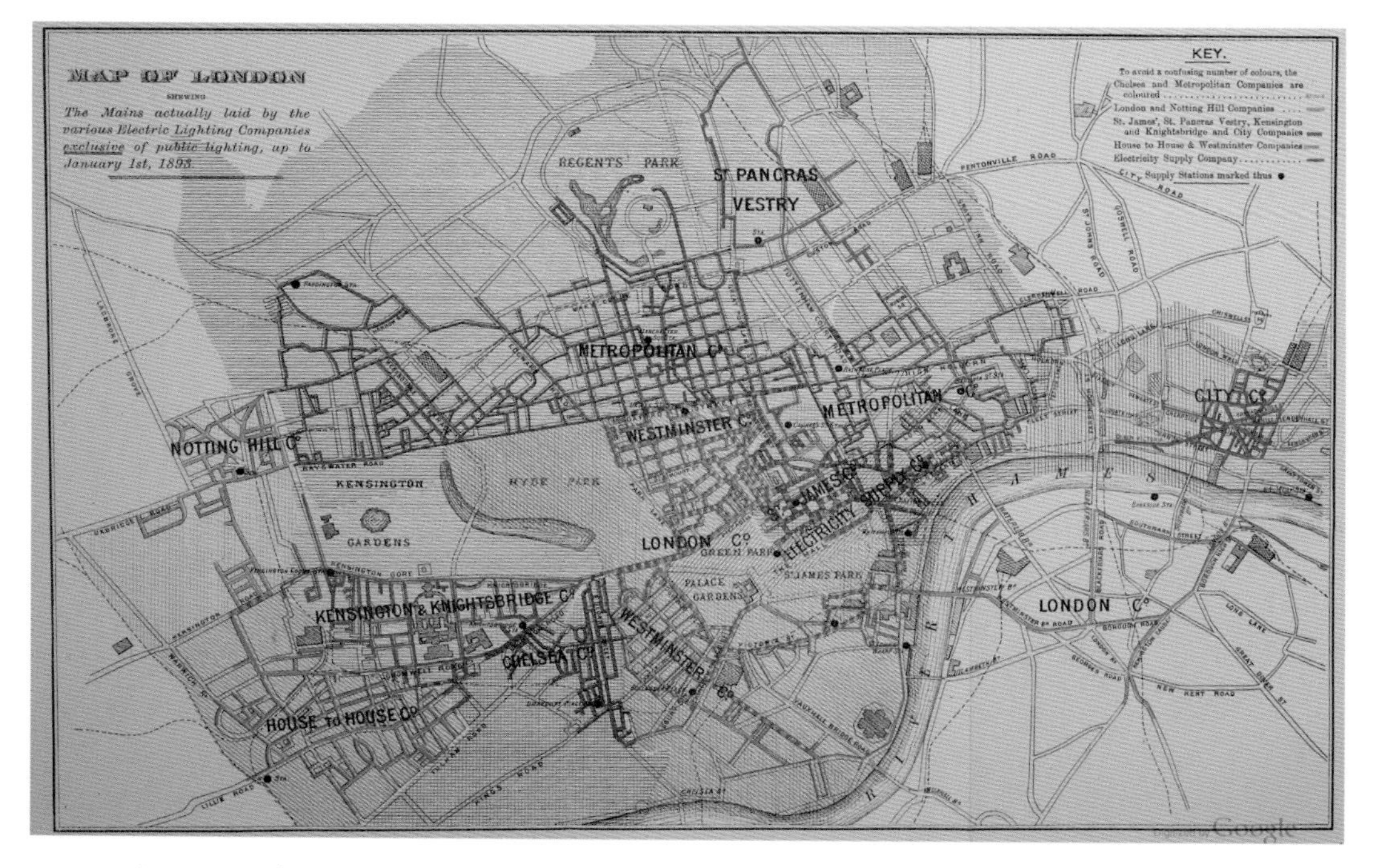

図　1893年のロンドンにおける各社の電燈供給区域図（シティの中心街に供給）

出典元：「The electrician」, Jan 13, 1893年, p.302と303の間

リージェンツ・パークのプラン図

出典元：『FIFTH REPORT OF THE COMMISSIONERS OF HIS MAJESTY'S Woods, Forests, and Land Revenues』, 1826年

リージェンツ・パークは私園であり、広大な緑地と散策路さらには池を配した富裕層向けの高級賃貸住宅を提供する計画であった。向かって右側に高級賃貸住宅があり、散策路が池の周りに計画されている。スモッグや汚泥など健康を害する環境とは隔離された別世界がそこに在り、一部の富裕層だけが享受できるものになっていた。その後、パークは私園から公共的な公園に移行することになる。

ロンドンの架空線整理と収容物の共同溝◆目次

はじめに

一九一〇年十一月、オーストリア・ハンガリー帝国の軍人テオドール・フォン・レルヒは日本を訪れ、一九一二年の秋まで二年ほど滞在した。彼は著書『明治日本の思い出』(原題:JAPAN)において、「ヨーロッパやアメリカでは電信電話線の網は高い建物のうえにたてた短いマストに張られている」と述べている。

ビルの上の架空線については景観学の第一人者である中村良夫も『風景学・実践篇』において、「ロンドン[注一]のとある町角でビルの谷間を電線がくもの巣のように黒く掩っているうっとうしい光景の挿絵をシャーロック・ホームズの小説でみた」と記している。

シャーロック・ホームズの小説は一八九一年に創刊された月刊誌「ストランド・マガジン」に連載されており、ヴィクトリア朝末期のロンドンを象徴する挿絵があった。

特に一八九五年六月号の表紙には、ストランド通りからリージェント通りを望む挿絵に、道路を横断する架空線が描かれている。当時のロンドンでは数多くの電信電話線がビルの屋上を通過しており、中には象の檻のような巨大なやぐらが屋上に設置されていた。

表紙の写真は、架空ケーブルを張る作業員が休憩しているところを写したものである。当時はメッセンジャーワイヤーにぶら下がった形で木のイスに座り、腰に命綱のロープを巻いてケーブルをワイヤーフックに架けていた。後方のビル屋上のマストには別の作業員がおり、作業を手伝っている。別の写真には、ビルの屋上に設けられた二万もの架空線を収納する象の檻のような巨大な「やぐら」が写っているものもある。

ロンドンでは裁判の判決によって、架空線間の最低距離と道路上における建築限界内の最低高さが定められたので、電話線の架線作業も一大仕事であった。表紙の写真は一九〇〇年頃のものであり、未だに架空線が残っていたし、新たな架空線も必要になっていた。

しかしながらケーブル条数は、十九世紀末期にくらべ傍目にも少なくなっていた。

このように十九世紀末のロンドンで多数の架空線が上空を覆っていたのは主に電話会社と郵政省のものであったが、既に十九世紀半ばには細い架空電信線が薄く拡がる状況にあった。

イングランドには古い慣習法が存在し、通行の邪魔になるものは撤去することが法的に求められていた。それは敵の襲来に備えるため、道路の左右を見通しの良い状況にし、隠れ場所をなくす意味もあった。また通行を阻害した行為に対し、裁判に訴える権利も認められていた。

そのため十六世紀に作られた道路法には、通行に支障になる樹木や灌木などを伐採する条項が盛り込まれていた。

こうしたことから、鉄道用の信号装置として誕生した電信技術を応用した電信会社設立時（一八四六年）において、人びとの通行に支障となる場所に人工物（電柱）を設置することは慣習法に抵触すると認識されていたし、政府と議会も同様に判断していた。

電信会社には技術力の有無に拘わらず、道路上にオブストラクション（障害物）となる電柱を建てるという発想はなかったし、例え持ったとしても裁判に訴えられ敗訴することが明白であったから、道路下に埋設する以外の選択肢はなかった。電線の絶縁方法が確立されていないなかでの判断であった。

最初に誕生した電信会社は、鉄道用の信号装置としての電信線を鉄道会社に提供していたから、電信会社を設立してもウェイリーブ権（通行権）は確保されていた。

ところが後発電信事業者では、鉄道会社沿いに電信線を架設することは認めてもらえなかった。そのため公道以外では、遠距離との通信用として私設の運河沿いなどに電柱を建て架線するしか術がなかった。私有地での電柱設置に支障はなかった。

しかしながら事業者のなかには、電信会社法に明記されていない盲点を突く事業者が出現する。それは道路管理者が関与する「道路」のなかにターンパイク（有料道路）が抜けていたことを利用し、ターンパイクに電柱を設置したのである。ターンパイクと云えどもキングス・ハイウェイの一種であり、公道に違いなかった。

結果は明白で、裁判に訴えられ敗訴した。しかしながら盲点を突く事業者は強かで、村を抜けたところの歩道を外れたオープンスペースに電柱を建てる権利を手に入れた。そして遠距離との通信ルートを確保した。この結果、一般法としての電信法に、市街地を抜けたところの電柱建設が盛り込まれた。

こうした行為は後を絶たず、上空を占拠する電信技術を確立し個別法を手に入れた事業者と、法規制を受けない方法（排水管などに海底ケーブルを入れたり、上空を占有したり）で密かに事業を営む事業者が出現し、上空にはますます薄く広く架空線が覆うようになった。

こうしたなかにあって電信の一種（高等法院における裁判で電信の仲間とされる）とされた電話は個別法での会社設立を認められず、電信法に定める条項にしたがい商務省の認可を受けることになった。電話会社は特別法で設立されていないため、道路掘削権を持てなかった。

道路に供給管を埋設することで事業が成立する水道とガスでは、特別法によって道路掘削権を付与されていた。しかしながら電話事業では、何の権限も付与されなかった。

その結果、電話線は公道上において道路管理者の権限が及ばない建築限界外の上空か地下鉄道構内といったところにしか配線ルートがなかった。電話事業者は後発の電信事業者より不利な状況に置かれた。

またロンドンにおける電話会社の通信は、郵政省の認可において局から半径八キロメートルの範囲にしか供給させてもらえなかったので、遠距離との通話は局と局をつなぐリレー方式でしか実施されなかった。これは郵政省が既に国有化した電信線を優位にするための措置であった。

それでも一八八〇年当時では、架空線は細い裸線でビルの屋上という人目につきにくいところにあったから、少条数であればうっとうしく迷惑なもの（ニューサンス）とは認識されなかった。

その後、技術の進歩と電話加入者の急増から多条数のケーブルが上空を覆うようになると、遠目にもニューサンスと認識されるようになった。さらに嵐による電線落下や道路横断部での架空線切断もあって、多条数のケーブル類は「公衆の生命に危険を及ぼすもの」と認識されるようになった。それでも地下方式と架空方式ではコストが六倍も違うことや、地下方式では故障個所を見つけにくいことなどの理由から、郵政省が地下方式を積極的に採用することはなかった。

中村は同書において、「ヨーロッパでも電柱が林立していたのか、いなかったのか、実のところ誰に聞いても確かなところはわからない」と述べているが、前述したように一八四六年の電信会社設立時において、公道上の電柱に関する結論は出ていた。

またレルヒは同書において日本の自然美に架空線が馴染まないと記しているが、それはあくまで自然美との対比においてである。

十九世紀におけるヴィクトリア朝時代のロンドンはおぞましいほど生活環境が劣悪であり、工場煙突から出る石炭カスによる煤煙や馬糞にまみれた、息をするのも苦しいほどの都市であった。わずか百数十年前と云えども、現代のロンドンからは想像されない絶望的な日常風景がそこにあった。

シティでは主要道路における通過交通量が一八五〇年から六五年までの間に、最大で約八十四%も増えている。一八六七年にレゼビー博士が実施した調査では、ロンドンにおける道路上の汚泥は五十七%が馬糞であり三十%が車輪で削られた石のカスであった。さらに一八七五年にロンドンで馬が食べた干し草は少なくても千トンに達し、大半が糞になって道路上に落とされた。

一八八三年の電燈会社暫定命令にかかる特別委員会では、通過交通量の多さと地下埋設物の多さから地中線埋設のための道路掘削が問題になった。

また一八九一年のセンサス調査によれば、ロンドンには三十万頭を超える馬がいた。道路上には想像を超える馬糞と尿が散乱し、それを食べさせるための豚や羊が通りにおり、さらに暖房用の石炭によるススが混じり粘り気のあるタール状の汚泥となって道路を覆った。そして馬はタール状の道路に足を取られ転び、馬車と馬車が衝突し人が死亡するケースが多々あった。人々が信号のない交差点を渡るのもまさに命がけであった。そのいっぽうで、地中線の敷設工事は通過交通にとって迷惑なものになった。

こうした状況下にあって、電燈事業は外国から導入された。ロンドンでは、ガス供給システムが広く行き渡っていたからコスト差は著しく、しかもアーク燈は明るすぎて一般家庭には不向きであった。

議会は個別法による会社設立ではなく、電燈事業法に設ける認可制度で事業を規制しようとした。こうして電燈事業は商務省による暫定命令制度（十九世紀以降に始まる）で統制され、二十一年後に電燈事業を地方自治体が強制的に買収できる条項を盛り込んだ電燈事業法で営まれることになった。二十一年間が終了すると、スクラップ価格で地方自治体に売却しなければならない強制買収条項の存在は資本家の投資意欲を失くさせ、英国における電燈事業の発展を遅らせることとなった。

そのいっぽうで、上空占有した電信事業者や電話事業者と同様に、公道上では地中埋設を前提にした電燈事業法の網をすり抜けた電燈事業者が出現する。

エディソン発電システムは低圧の直流方式であり、中央発電所と云っても自家発電所と大差ないものであった。供給エリアも一キロメートル四方程度と狭く、電燈供給量も四千燈（八燭燈の三十二ワット）足らずであった。近距離で発電量が少ないため、遠距離から大量に供給されるガスシステムに比べ、価格が数倍になることは当然の成り行きであった。

そこに交流方式で一万ボルトの高圧送電をし、大量の需要家に電燈を供給する事業者が出現する。セバスチャン・フェランティは一万ボルトの送電システム（デッドフォード・システム）を完成させたが、市内における低圧に変圧された架空線（二千四百ボルト）は電信線や電話線に多大な影響（誘導電流）を及ぼした。彼は一万ボルトの高圧送電線を鉄道線路沿いに埋設して対応した。驚くべき発想力と技術革新を備えた技術者であった。しかしながら発足後まもなく大規模停電が発生すると、会社はフェランティを解雇し、事業が拡大することはなかった。電燈事業が拡大するには時間を要した。

共同溝は、一八五五年の首都運営法によって誕生した首都建設局によって実施された。首都建設局は新設街路を築造しそこに設ける下水道に併せ、水道管とガス管を収容し併せて架空線類も収容する施設として、ジョン・ウイリアムスが考案したブリティッシュ・サブウェイを改変し、設置することにした。

そうした苦労にも係わらず新設街路に共同溝が設置されても、架空線は一向に撤去されなかった。それは個別の新設街路法において共同溝の設置条項があったに過ぎず、新設街路におけるガス管等の掘削制限が盛り込まれていた訳でもなく、入溝規定も盛り込まれていなかったことにあった。

共同溝は敷設されたものの、ガス管接続部の不良によるガス漏れの恐れもあって、入溝する事業者は少なく、宝の持ち腐れになった。さらに共同溝が設置された路線沿いの架空線撤去規定も盛り込まれていなかった。

それでも最初の共同溝が設けられてから三十年も経つと各事業の需要量が拡大し、収容するガス本管や水道本管の口径が大きくなり収容するケーブル類も多条数になった。そして既存の共同溝では収容しきれなくなった。十九世紀末のロンドンには街路延長が一、九三一キロメートルあり、コストのかかる共同溝の敷設延長はわずか十三キロメートルしかなかった。


生活インフラとして誕生する電信事業や電話事業、さらには電燈事業が進捗するにあたり、多くの政治的駆け引きや裁判による泥仕合などが繰り返されたが、首尾一貫していたのは慣習法に従い、道路上に半永久的な人工物を作らないという姿勢であり、街中に電柱が建てられることはなかった。その反面、上空は乱雑きわまりないものになった。

中村は、「くもの巣のように憂鬱なむき出しのからくりをすっかり埋設するのは相当な苦労があったはずだ」と記している。

日本では明治期から海外留学生などが、西欧諸都市の架空線を「美観上」や「風致を害する」ため撤去したと記述しているが、それは史実と明らかに異なる。そして今以って日本国全体において、電柱整理を主に「景観面」から論じており、法制度としての義務占用物件（設置義務）に触れていない。

本書は産業革命の発祥国であり世界最初の電信線が鉄道用に架設され、ガス管や水道管さらには上空の架空線を地下に収容するための施設（共同溝）が世界で初めて採用されたことなど、調査資料が豊富であることに鑑み、ロンドンを対象に安全・安心な道路空間を構築するための架空線整理について、ロンドンにおける苦闘の歴史の一端を明らかにすることを目的にする。

第1章 鉄道信号用装置に始まる電信通信と慣習法に従って地中線方式を採用した電信会社の設立

駅馬車・船に代わる新たな輸送手段（鉄道）の出現

英国の中央部には平たん地が多く、川の上流まで船の運行が可能であった。このため川を運河と連絡し、貨物の運搬をおこなった。しかしながら水上輸送には、冬季に川が凍結し夏季に渇水が発生するハンディキャップがあり、安定した運行には程遠かった。

いっぽう主たる街道はアド・ホック機関のトラストが運営するターンパイク（有料道路）であり、道路改良が進んでいない丘陵地の凹凸がある道路ではスピードを上げて疾走する駅馬車の転覆事故が多発し、こちらも安定した輸送力の確保にはならなかった。

こうしたことから、第一次産業革命による貨物の増大に応じた新たな輸送手段が求められた。特に綿紡績工業の中心地であるマンチェスターと、綿花の輸入と綿製品の輸出を担うリバプール間の貨物輸送量は年々増大した。こうした声に応えるかのように、一八三〇年に蒸気機関車を利用したマンチェスターとリバプールを結ぶリバプール＆マンチェスター鉄道が開業した。こうして貨物輸送は天候や季節要因などに左右されない鉄道輸送へ大きく転換された。そして一般市民が出資した民営の地方鉄道が英国全土に勃興した。

リバプール＆マンチェスター鉄道では列車運行を管理する方法として、一定時間の間隔をおいて列車を発車させ、運行管理を砂時計でおこなっていた。

こうした運行管理は単線ではすれ違いに無理があり、全線が複線で計画された。しかしながら一定間隔で発車する列車の運行管理では、先行する機関車が立ち往生すると、見通しの悪いカーブ区間やトンネルの中などで追突する事故がしばしば発生した。

列車追突を防ぐ信号伝送装置の発明と技術改革

ウイリアム・クックは偶然のきっかけからロシア人のパウル・シリングが考案した電磁式伝送装置に興味を持ち、マンチェスターのトンネル内での追突事故を防ぐ手段として、シリングの装置を応用できるのではないかと考えた。彼は一八三六年に機械式信号伝送装置のオリジナル・アイディアを考案し、警報器を作成した。その後も六針式検流計を作成したが、電気抵抗測定など専門知識を有しないクックには遠距離の通信線を作ることが叶わなかった。そのためチャールズ・ホイートストン教授の紹介を受け、両者による信号伝送装置が共同開発された。そして一八三七年の六月に最初の特許（No.7390）を取得した。最初の特許では六本の銅線を木の溝に埋め通信する方式であり、鉄道会社へのデモンストレーションに用いられた。六本のうちの一本は帰線で、五針式の装置であった。

翌三八年にホイートストンは、六本の銅線を綿で保護し鉄管のなかに入れる方法で、二番目の特許（No.7614）を取得した。これが最初の鉄道信号伝送装置（今で言う信号機に代わるもの）

であり、グレート・ウェスタン鉄道（港町のブリストル～パディントン間）に採用された。この六本の銅線での通信は一方方向での通信であり、相互通信ではない。

そのため送信側の通信が終了してから、受け手側から同一回線で返信した。

しかしながらノイズが多く、誤訳が多く発生した。ノイズの原因は、当時の銅線が均質に作られたものでなく、品質も保証されていなかったことにあった。そのため電気的性質が基準に達していないものが多くあった。さらに被覆もされていないうえに絶縁材の充填方法も不完全なため湿気に弱く、雨水や地下水があるところでは通信線に不具合が生じた。

帰線は三八年にシュタインハイル教授によって送受局の接地で大地が帰線になることが発見され、六線が五線で済むようになり工事費の軽減と断線障害の減少に寄与した。

一八四〇年にブラックウォール鉄道で五線の通信線のうちの三線に不具合が見つかり、調べていた鉄道マンが偶然に二本の電線でも通信可能であることを発見し、ホイートストンは通信線を二線式にする伝送装置を考案した。この二線式伝送装置がグレート・ウェスタン鉄道のスラウまでの延伸区間に採用された。ホイートストンはさらに一八四五年に通信線が一線でも済む装置を開発し、特許（No.10655）を取得した。ホイートストンは一八四五年までに信号伝送装置に関し五つの特許を取得し、鉄道の信号伝送技術の進歩に貢献した。

いっぽう裸線の架空線では絶縁が重要であった。そのため多くの材料が試されたが効果のあるものがなかった。そうしたなかで一八四〇年代の初めにマレーシア産のガタパーチャ（天然ゴム）が英国に輸入され、絶縁性能が良好であったことから、鉄管に充填されるようになった。当時では防腐剤は使用されておらず、生のまま使用された。

地中線方式に始まる信号伝送装置

鉄道に使用された信号伝送線は当初、地下線方式で実施された。これはフランシス・ロナルズが一八一六年に、電流の速さを証明するために架空線と地下線（綿に巻いた銅線をガラス管に入れ、木の溝に埋めた）の二系統でおこなった実験を参考にしたものと思われる。

ガラス管に入れたのは当時では絶縁技術が確立されていないためであり、ガラス管に入れることで大地と触れることを絶縁していた。また、この実験ではふたつの局に時計につながった回転盤があり、アルファベットの文字を表示できるようになっていた。ロナルズのおこなった実験装置はきわめて巧妙にできていたが、ロナルズは特許を取ることもなく英国海軍に提案したものの、採用されることはなかった。英国海軍は従前から使用しているシャッター式腕木通信で十分と判断し、夜間や霧などによる通信障害があっても視認信号伝送にこだわった。英国海軍でさえ、電気というものに信頼を置いていなかった。

ロナルズの卓越性は、信号伝送線（地中方式）の提案理由にあった。彼は内戦などによって道路が封鎖され通信路が反乱軍に切断されることや、悪意のあるいたずら者たちの妨害を予見していた。そのため万が一を考え、異なった二系統のルートで地中 1.8 m に通信線を埋めるよう提言していた。そして不心得者が地中線を切断したなら逮捕し絞首刑に処し、逮捕できない場合には厳しく非難するよう求めた。

クック達が鉄道用信号伝送装置を地下式にした定かな理由はわからないが、信号伝送装置が切断された場合を想定したリスク回避策であったと思われる。その際、地中線方式はロナルズの出版物（一八二三年）などを参考にしたと推察される。多くの科学的進歩がそうであるように、信号伝送装置も多くの科学者たちによる技術的蓄積のうえに実現された。

地中線から架空線へ移行する信号伝送線

ブラックウォール鉄道（イースト・エンドのブラックウォールとシティのフェンチャーチ間）の鉄道建設に携わったジョージ・スティブンソンは、信号伝達装置の地下線に配線トラブルが多いため、フランシス・ホイッソーが一八三八年に発表した架空線方式のプランを採用し、架空線方式へ伝送路を変更した。

ブラックウォール鉄道はケーブル牽引による貨車輸送をおこなっており、蒸気機関車で輸送する方法ではなかった。このためブラックウォール鉄道では、クックの警報器（「進め」・「止まれ」というシグナル表示とアラーム機能を備えたもの）による信号伝送で運行管理をおこなった。

この架空線方式ではコストが地中線方式の半値で済むこともあって、鉄道の信号伝送線路は多くの鉄道において架空線方式へ変更された。

また伝送路は一回線だと、送信側が信号を伝送している最中に受信側から送信側へ信号を送ることができなかった。相互通信するためには二回線が必要であった。ジョージ・スティブンソンはブラックウォール鉄道に二回線を使用し、信号伝達内容を相互で確認した。

またクック達が当初作った五針式電信機では、アルファベット二十六文字に対し二十文字しか読み込めなかった。しかもふたつの針の組み合わせでひとつの文字が表される方法であった。そのため中間送信所や駅での送受信において、オペレーターによる表示の読み間違いがしばしば発生した。何より熟練したオペレーターが必要であった。こうした読み間違いを防止するため、鉄道側の要求で二十文字と十の数字を用いたコードブックを作り、読み替えることにした。この五針式電信装置は五年間しか利用されなかった。

各鉄道会社は、それぞれに独自な信号伝送用のコード表を用いた。多くの鉄道会社に多種多様な信号伝送形態が存在し、伝送装置も異なっていた。

信号伝送から情報送信へ進化した電信[注一]

信号伝送装置の特許はクックとホイートストンだけが取った訳ではない。アレキサンダー・ベインはスコットランドで化学式信号伝送装置の特許を取り、別の鉄道会社に用いられた。それらの鉄道用信号伝送路はシティの一部とウェスト・エンド周辺の各ターミナル駅まで接続された。しかしながら鉄道会社では商業の中心地のシティや政治の中心地のウェストミンスターの国会や宮殿までの伝送路を持たなかった。そのため郵便配達員や郵便馬で通信文を送り届けた。

二針式や一針式の装置によって文字を正確に読むことができるようになったので、クックは鉄道用に開発した信号伝送装置を一般にも開放することをグレート・ウェスタン鉄道に提案した。そして路線がスラウまで延長される一八四三年に、クックは自らが伝送路を鉄道敷地内に建設し鉄道会社に無料で信号伝送をおこなわせる代わりに、電報を一般に開放することを提案した。そして鉄道敷地内のウェイリーブ権（通行権）を手にいれた。クックは発明家から電信事業を手がける実業家へ転身した。

しかしながら人々が電報（瞬時に空間を移動する手紙）を有効な通信手段と認識するまでには多くの時間が必要であった。

こうしたなかでも新聞社だけは電報の有効性を認識していた。情報をいち早く入手することは、購読者の獲得に有効な手段であったからである。

クックが電信事業を専門に扱うようになった翌四四年八月に、議会は鉄道と電信の相互関係を規定した法（7&8 Vict, c.85）を制定した。この法では鉄道会社が線路沿いに電信線を敷設し（第十三条）、電信を公に開放すること（第十四条）が盛り込まれた。

電報が多くの人に認知されるきっかけは、一八四五年一月の殺人事件において電報が殺人犯の逮捕に貢献したことにあった。このことから投資家のジョン・ルイス・リカルドは一八四五年にクックとホイートストンの特許権を買い取り、クックとリカルドの両名で電信事業に乗り出すことになった。

地中埋設を前提にした電信会社の設立

クックとリカルドは電報事業を手掛けるため、一八四六年にエレクトリック・テレグラフ会社を設立すべく議会に特別法案を提出した。

委員会では、電報が手紙に代わる新たな通信手段と理解されたし、大衆に便益をもたらすものと認識された。郵政省はこの電信機による電報通信を手に入れたいと願ったが、両名は電報を自らの電信局から郵便局に届けるとして郵政省の申し入れを拒否した。

委員会では鉄道沿いの電信線を終着駅から街中に引き込む際の方法について、質問がなされた。これに対しクックは水道事業とガス事業に倣い、通りに設置する方法として地中に埋設すると表明した。また地中埋設はパイプないしチューブでおこなうとした。

さらに道路管理者の同意が得られない場合なども想定し、建物の上空を通過させることも想定していた。通りにおける電信線の地中埋設は、中世以降の慣習法における法規制にしたがった措置であり、政府の見解とも一致していた。公道における地中埋設の必然性と法規制については、第９章で詳しく述べる。

議会では枢密院の意向が色濃く反映されていたものの、この時期は議会が鉄道問題に時間を取られていたこともあって、議案はすんなり通過した。

またクック達はロンドンに乗り入れている鉄道のターミナル駅相互間を結ぶ計画を持っており、鉄道用地内の電信装置を利用して遠距離との電報事業をおこなうつもりだった。

こうしてエレクトリック・テレグラフ会社法（9 & 10 Vict, c.xliv）は、一八四六年に議会で承認された。

この法では、
・道路下にパイプを敷設する規定（第三十五条）

・道路を掘削する権利（第三十七～四十一条）
・ロンドン市内における道路掘削にあたっては、排水・舗装道委員会[注二]の承認が必要（第三十六条）
・「ストリート」の定義には、鉄道を含まない（第五十八条）
などが盛り込まれた。

この結果、鉄道駅と市街の電信局との間をつなぐ電信線は道路管理者の同意の下、街中の公道に埋設されることになった。しかしながら電報が手紙に代わる画期的な情報ツールであったにも関わらず、多くの課題（鉄道との交差部、ターンパイク、同意を得る範囲など）が未処理になった。

一八五〇年に設立されたブリティッシュ・テレグラフ会社（14 & 15 Vict, c.lxxxvi）や翌五一年に設立されたマグネティック・テレグラフ会社（14 & 15 Vict, c.cxvii）さらにはユナイテッドキングダム・テレグラフ会社（14 & 15 Vict, c.cxxxvii）、加えてユーロピアン・アンド・アメリカン・プリンチングテレグラフ会社（14 & 15 Vict, c.cxxxv）でも、同様に公道に敷設する場合には地中埋設を前提にして議会承認を受けている。

その後の電信会社設立でも同様の措置が盛り込まれた。ターンパイクはキングス・ハイウェイにも関わらず、各会社法に包含されていない。

このように地中埋設される電信線が誘導電流という邪魔者によって、どの程度の離隔距離まで電信信号を送信できたのか判然としない。そのため距離が長い場合には中間点に中継局を設置したものと判断される。

また地中線と架空線では誘導電流の大きさも異なっていた。架空線では天候によって信号受信状況が左右されるし、地中線では絶縁の精度と地下水の有無によって状況が左右されたから、今日では想像できないほどの苦労を伴っていた。

その後、一八五七年に絶縁技術が確立され、全天候型のケーブルが採用された。さらに翌五八年には、タイププリンターが試行されるまでになった。

電信機の速度が速くなると、人間の読解力では間に合わなくなった。そのため通信文のデータをテープに孔をあけて作っておき、送信機にテープをかけ符号を読み取らせることが考案された。同様に受信側でも人間が符号を文字に直すのではなく、機械が自動的に文字を印刷できれば安全に早く情報を処理できる。ホイートストンはタイププリンターも手掛けていて、一八六六年の自動電信読み取り機の発明につながる。

しかしながら絶縁材のガタパーチャは防腐処理がなされていなかったため、十年もしないうちに劣化して絶縁不良が発生した。そのためガタパーチャも防腐処理したものが出回り、ガタパーチャに代わるインドゴムでもコーティングされたものが出来た。

絶縁部は改良されたものの地中方式はどうしても必要なところ（多数の街路が交叉する交差点部や私有地の樹木が邪魔で架空線を張れない場合など）で実施され、建物の上空を通過することが可能なところでは架空方式で実施された。

上空を占有する方法はコスト的にも技術的にも効率がよかった。その結果、技術革新とともに架空電信線は道路上空を横断し、徐々に薄い蜘蛛の巣状に拡散した。

いっぽうで道路の法規制と関係を持たないテームズ川に接続するサレー運河沿いの小径（会社

所有敷地内）や、アド・ホック機関のトラストが運営するターンパイク（地方法で設立された機関が管理運営）では、電柱が建てられ架空線が張られた。

また道路に沿ったところでも、私有地のなかに電柱と架空線が敷設されたところも出現した。

電報をさばくための新たな装置の出現

電報はシティに集積していた銀行や金融業者や証券取引所の株式ブローカーにとって、不可欠な取引情報を提供するものになった。一八五一年にはユダヤ系移民のポール・ロイター（ロイター通信社の創立者）が、電報を利用してヨーロッパ大陸の証券取引所の相場をロンドン証券取引所に知らせるサービスを開始している。

多くの電信会社がシティに出現したことから、イングランド銀行近くにはテレグラフ・ストリートと命名された通りまで出現した。

このように電報の価値が認められた半面、電報に求められたのは迅速さであった。ところが電報は複数の中継局を経由し、その都度、文字に直し送信していたために送信に時間を要し、ついには需要と供給のバランスが取れなくなり遅延が発生した。

こうした状況が日常化した一八五三年に、エレクトリック・テレグラフ会社の社員であったラティマー・クラークは本局と中継局との間を結び、電報をそのまま送る気送管を提案した。一八五五年に電信本局と支局との間でテストがなされたが、管径も細くて詰まることがあった。また一方向のみのため運搬器の回収が必要であった。

こうした欠陥は一八五九年にフリードウッド・ヴァリーによって改良され、相互通信も可能になった。この結果、特別法（22 & 23 Vict, c.cxxxvi）が制定され、気送管会社が設立された。こうして文字に直し、送信し直す手間と時間が必要なくなった。この法には道路の掘削権（第二条）が認められていたが、五年間の時限立法（第二十二条）になっていた。そして多くの道路に気送管の管路が埋設された。

プライベートに利用される特別法による会社と民間会社の上空占有

クックの電信事業は特許権に守られ独占されていたため、利用者にとって電報料金はとても割高であった。そのため頻繁に利用する利用者は、低コストの電報を希望した。

こうして、クックの二針式電信機とは異なるシステムを使い、特許権を侵害しない方法で電報をやりとりする事業者が出現した。特に近距離での通信用に、低コストのものが提供された。

ロンドン・ディストリクト電信会社は一八五九年一月一日に設立された会社で、パリなどで実施されていた建物の上を通過する方法と地中線方法で通信した。会社はチャーリング・クロスから半径二マイル（3.2 km）の範囲内で営業し、どの電報局からでも五分以内でメッセージを受け取れるようにした。地中線は高額なウイリアム・ヘンリー社の海底ケーブルを使っていたが、当初は地中線の割合が高かったため会社にとって負担が大きかった。そのため途中から地中線を取りやめ、架空線のみに変更している。

会社はメトロポリタン鉄道の地下線路沿いに敷設したほか、既存道路下の導管の中に地中線ケーブルを敷設した。この導管（conduit）が何を指しているのか判然としないが、排水管ではないかと思われる。この行為が、道路管理者の同意を得られたものか明確に示したものはない。また詳しく記述した資料もない。そのためか、密かに静かに実施された。

また上空では、建物の煙突や壁に電線を添架した。この会社は特別法を取得せず、会社法による電信会社として営業したと判断される。電報代が高いなかにあって、格安で済んだことから利用者は多かった。実際、一八六〇年に扱ったメッセージが七三、四八〇件であったが、二年後の六二年には三倍を超える二五一、五四八件ものメッセージを扱っている。

これに対しユニバーサル・プライベート・テレグラフ会社は、チャールズ・ホイートストンが一八五八年に取った自動電信装置の特許（No.1239, No.1241）を一八六〇年九月二十日に取得し、経営に乗り出している。

ホイートストンは同年十月十日にもボックス分岐装置の特許（No.2462）を取得し、上空を通過するケーブル方式の電信装置を作っている。

ユニバーサル・プライベート・テレグラフ会社はこうしたホイートストンの三つの特許を利用した電信会社として議会に申請し、一八六一年六月七日に会社法（24&25 Vict, c.lxi）の承認を得た。全くのプライベート通信会社であって、個別の相互通信に特化していたため、交換局を必要としなかった。

ただし、通りにおける敷設方法は、法規制に則り地中埋設とされた（第二十二条）。

この会社の通信方法はコミュニケーター（送信）とインジケーター（受信プリンター）による

ものであり、受信も送信も難しい技術を必要としなかった。利用者にとっては使用し易いものであり、利用料金は機器のリース契約と回線使用料だけであった。

この装置では迅速な意思決定が可能であったうえに低コストであった。また暗号化する技術もホイートストンは取得していた。まさに鬼に金棒であった。

ホイートストンの手法は屋上に鉄製柱を建てサポートワイヤーをトライアングルに張り、そこにインドゴムでコーティングされた絶縁ケーブル（五十程度の電信線を入れたもの）を架けるものであった。柱は二百ヤード（182.88 m）毎に建てられ、メインになるところに条数の多いケーブルを張り、接続ボックスで分岐し建物内に引き込むようになっていた（図―１－５～７）。

通常の通信では、電信局（一八六〇年では電信会社のもので五十二局）を結ぶ通信文は交換局で訳したうえで再度、次の交換局に電信していたため多くの時間を必要とし、歩いて三十分で行ける距離でも電報が届くまでにかなりの時間を要した。そのため利用者間を直接結ぶプライベート電信の存在意義はまことに大きかった。

さらに誰でも利用可能な電信装置であったから、読み書きできる子供でも送信可能になっていた。

しかしながら一八六六年一月十二日に発生したストームでは、ロンドン・ディストリクト電信会社のワイヤーが至る所で切れ、大きなアクシデントが発生した。ロンドン・ディストリクト電信会社は、脆弱な架空方式で実施されていた。

一ブロック内の建物が連続しているなかでは架空線が切れても大きな障害は発生しなかったが、道路横断部でアクシデントが発生すると、切断した線が垂れ人々にとって危険になった。

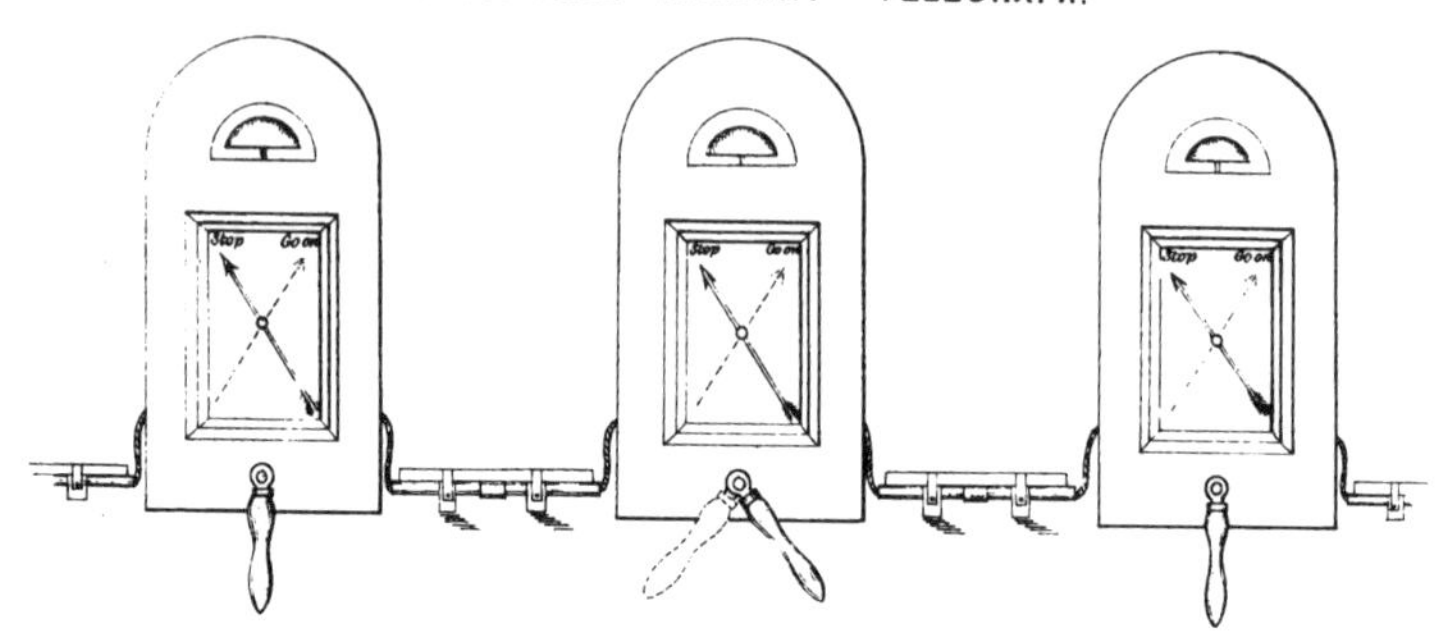

図—1－1　　鉄道の信号用に作られた電信装置（進め、止まれ）

出典元：『Telegraphic Railways』, 1842年, p.14と15の間

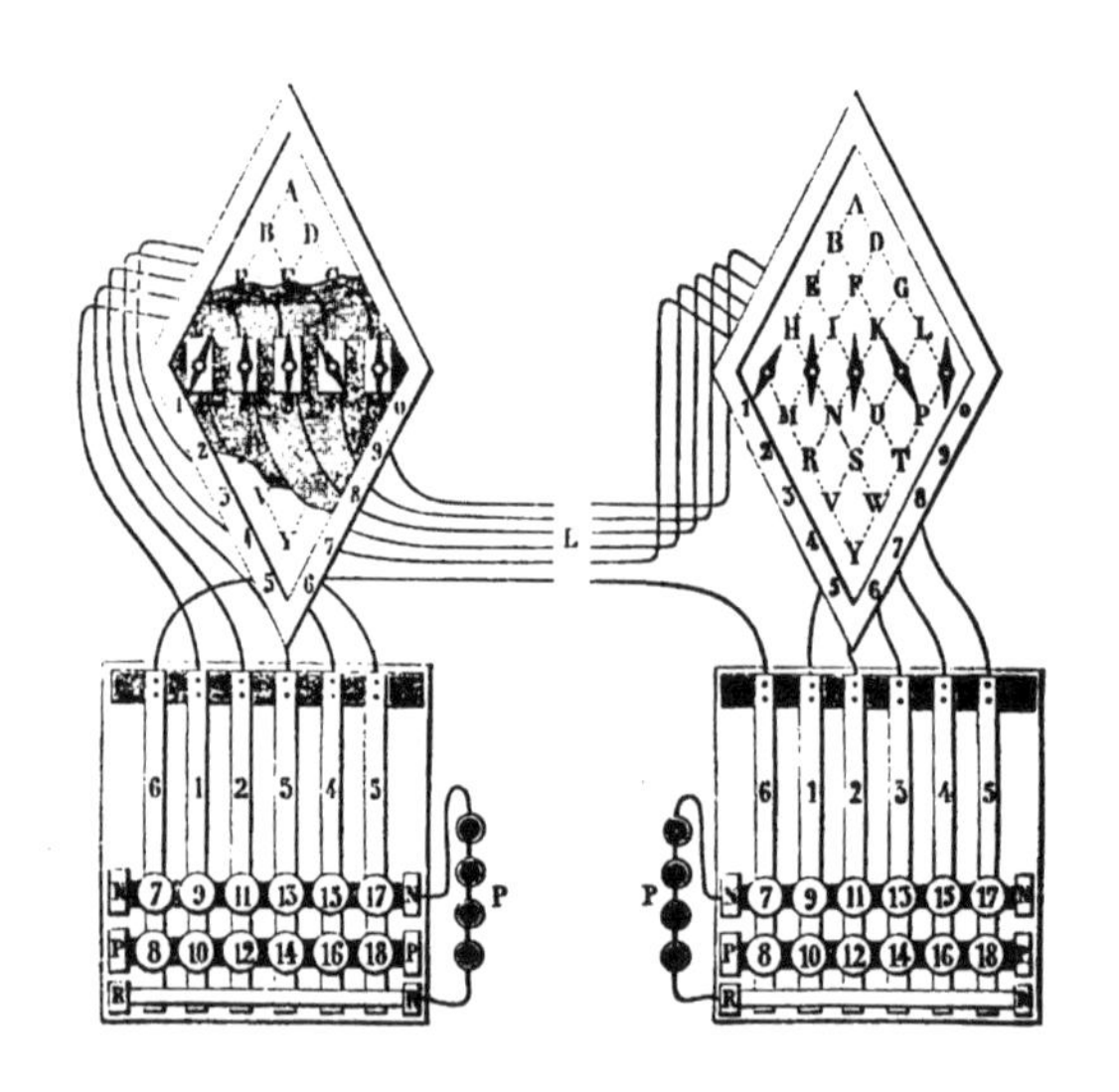

図—1－2　　クックとホイートストンによる5線式電信

出典元：「NATURE」, 27 May, 1875年, p.71

挿絵―1－1　鉄道用架空電信線路

出典元：『The Rail, and The Electric Telegraph』, 1847 年, p.61

表―1－1　鉄道用の電信略語

✱ STOP INSTANTLY.

Code	Meaning	Code	Meaning
C	Prepare to Draw the Train up—(*repeat* C).	T	Draw the Train up.
C U	The Brake-Truck is wanted here.	T U	The Train has lost Grip.
C D	The Brakesmen are wanted here.	T C	The Train has Stopped on the Incline.
C T	The Brakesmen are not here.	T L	The Train along the Incline has Arrived.
C L	The Brake-Truck is going down.	T E	A Passenger Train has Arrived.
C E	We are going to Work the Engines. Is all Clear?	T S	A Goods Train has Arrived.
C S	All Clear.	T D	A Cattle Train has Arrived.
C U D	First Class Carriages are wanted down here—(*re-*	T U C	A Lumber Train has Arrived.
C U T	Second. [*peat* C *for the Number*).	T U E	A Lumber Train is to be sent.
C U L	Third.	T U L	A Special Train is to be sent.
C U E	Horse-Boxes.	T U S	The Train has not Arrived.
C U S	Trucks.	T U D	Stop the Departure Train. [*to be used for Descrip. & No.*
C D U	Cattle-Trucks.	T D U	Send Carriages with the Departure Train.–*Signals in* C
C D T	Cart-Trucks.	T D L	
C D L	Waggons.	T D E	
C D E	There are none here.	T D C	
C D S	There are only—(*repeat* L *for the Number*).	T D S	

出典元：「The Practical Mechanic and Engineer's Magazine」, Vol. II Jul, 1843 年, p.392

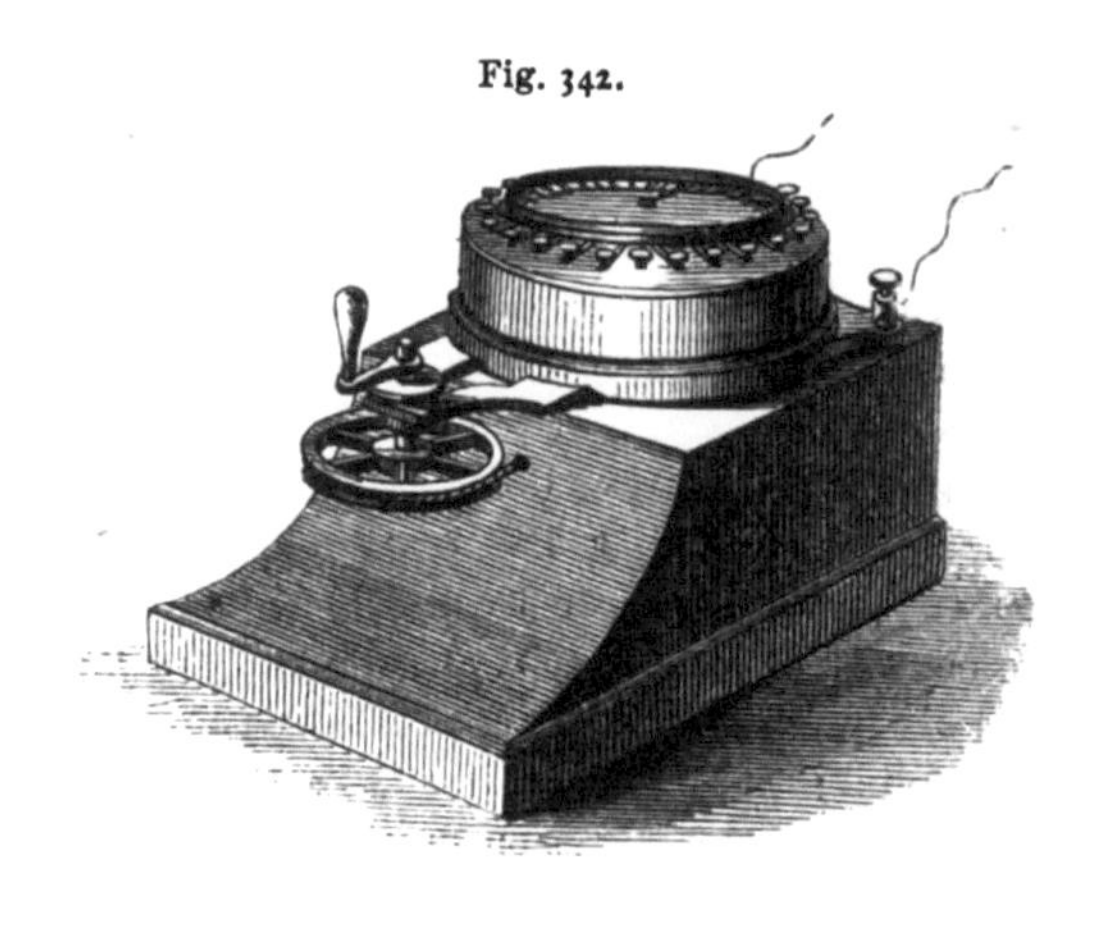

図—1－3　　ホイートストンのコミュニケーター

出典元 :『The Student's Text-Book of Electricity』, 1867 年, p.406

図—1－4　　ホイートストンのユニバーサル・テレグラフ

出典元 :『Handbook of The telegraph』, 1873 年, p.74

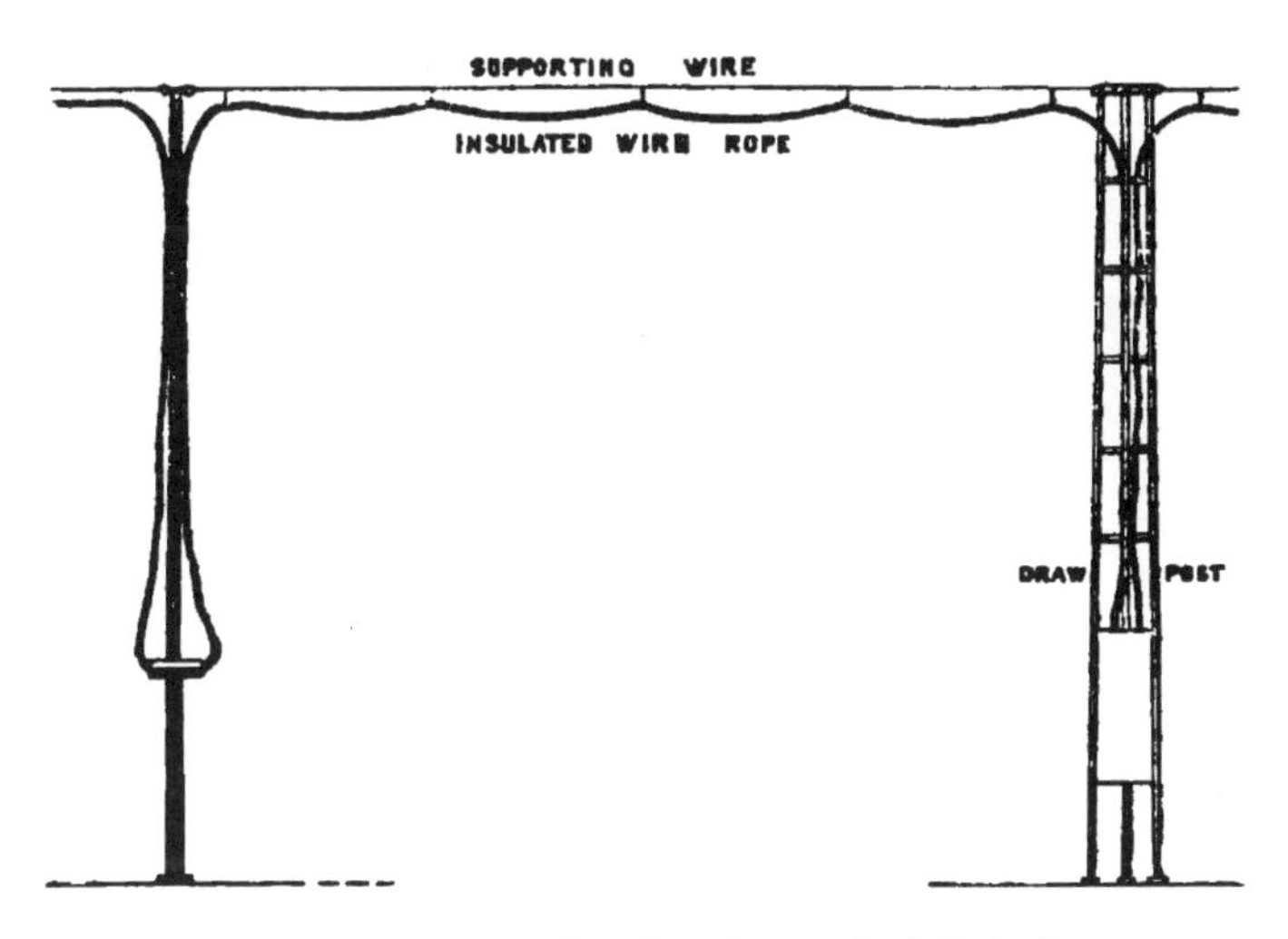

図―1－5　　ホイートストンの架空線方式

出典元 :『The Student's Text-Book of Electricity』, 1867 年, p.412

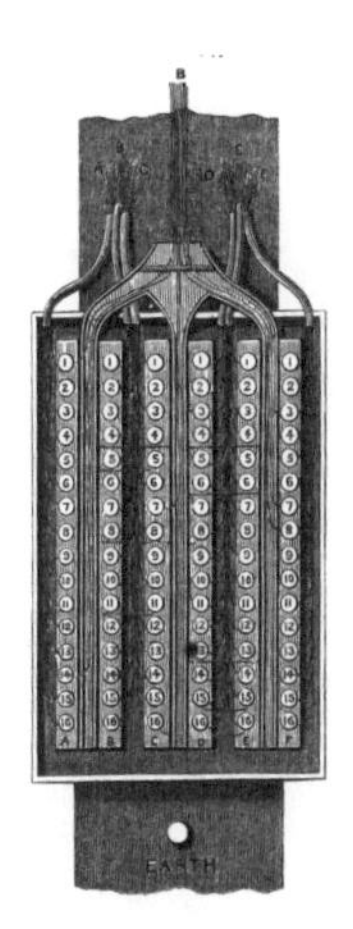

図―1－6　　ホイートストンの架空接続箱

出典元 :『The Student's Text-Book of Electricity』, 1867 年, p.412

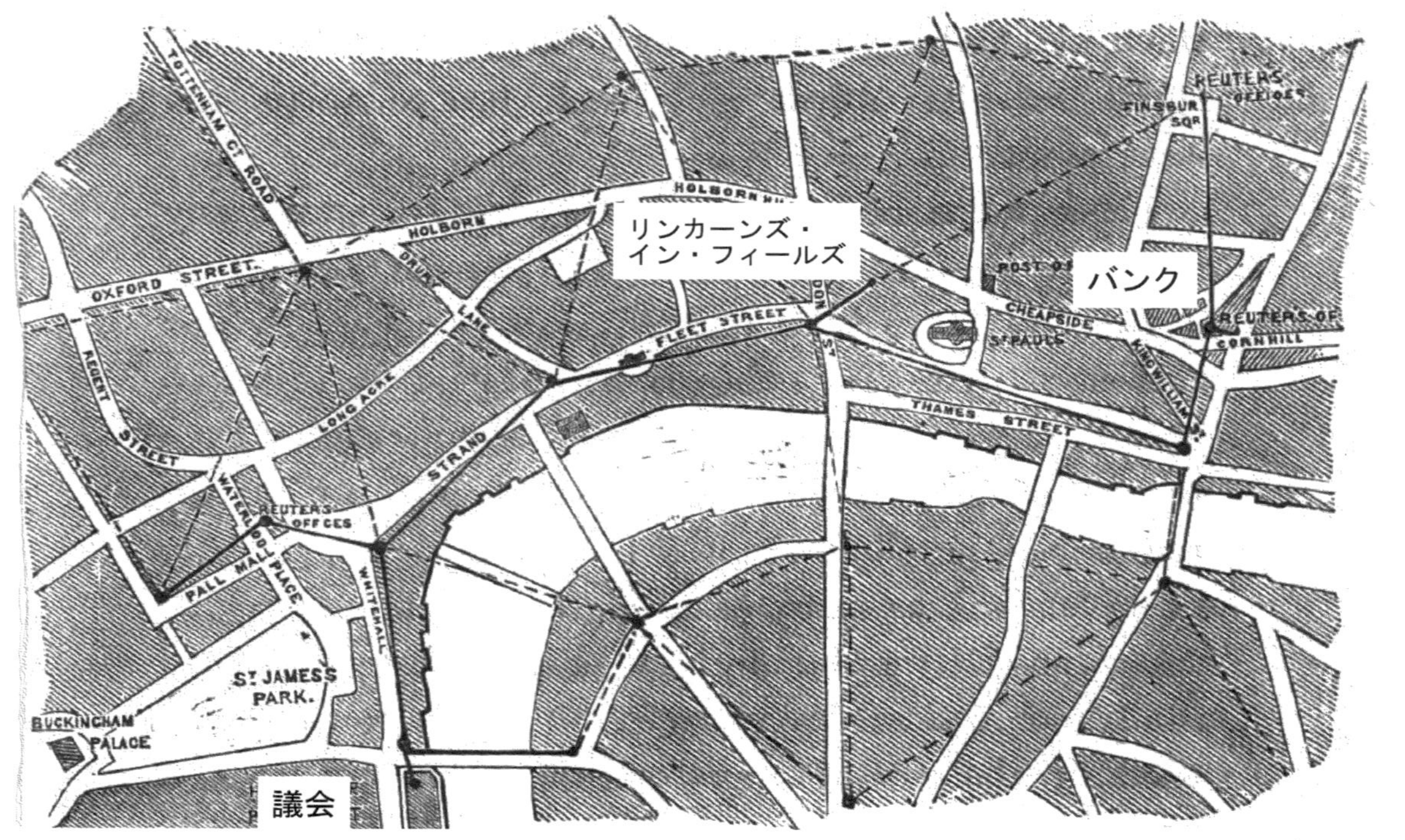

図—1－7　ロンドンにおけるユニバーサル・プライベート・テレグラフ会社の架空配線プラン

出典元：『Subtle Brains and Lissom Fingers』, 1869 年, p.367

第2章

裁判に訴えられた電信柱・架空線と建築限界内における規制措置

慣習法における道路上のオブストラクションにあたる電柱

イングランドでは慣習法により、道路上におけるオブストラクション（樹木など）が通行に支障になる場合、除去を求め裁判に訴える権利が認められていた。また道路上における公的ニューサンス[注一]を裁判に訴える権利も認められていた。

道路上の障害物を除去できる権利は起源が古く、中世の一二八五年に制定された道路に関係した最初の法と云われる「ウインチェスター条令」にあるとされる。

この条令には道路上から障害の除去されるべきことが規定されていた。また道路の語源は、「障害が取り除かれた状態」を指すともされる[注二]。

こうしたことから道路上における歩行者の通行に支障となる場所に、電信柱（半永久的）が建てられ通行に支障が生じれば、人々はそれをニューサンスと見做し、裁判に訴えることができたのである。

裁判に訴えられた道路と鉄道の交差部における電信用地中線

ヨーロピアン・アンド・アメリカン・エレクトリックプリンティング電信会社は一八五一年に設立された会社（14 & 15 Vict, c.cxxxv）であったが、一八五四年一月十六日にサウス・イースタン鉄道に提訴された。

その理由は、当該電信会社がハイウェイ（公道）と鉄道の交差部において、鉄道会社が敷設したバラスト（砕石）を掘り返し、電信用のパイプを敷設したことにあった。

原告は裁判において、電信会社法には第三十七条で明確にパイプを埋めることのできる場所を明示しており、鉄道用のバラストが敷設されたところは鉄道用地であり、電信会社の行為は違法であると主張した。

判決は原告の訴えを認め、電信会社は鉄道との交差部において柱を建て架空方式で鉄道を横断するなど、他の手段を講じるべきとした。ただし、鉄道が橋梁によって道路を跨ぐ場合は、公道に埋設することに支障ないとした。

鉄道敷地内のウェイリーブ権は信号伝達装置を提供したクックやベインによって守られていたため、新たに設立された電信会社では鉄道敷地内に電信ラインを構成することが出来なかった。これは後発の電信会社にとって著しいハンディキャップであり、私有地の運河沿いや郊外の小径沿いに建柱するしか術がなかった。

裁判に訴えられたターンパイク道路上の電信柱と架空線

ターンパイク道路はアド・ホック機関のトラストが運営する有料道路であり、このターンパイクは誰もが通行できる公道のキングス・ハイウェイの一部区間が有料化されたものであった。

従来、道路は教区民に強制労働を強いて維持管理されてきたが、教区民には負荷がおおきかったし、素人では十分な修繕ができなかった。そのため道路交通量が増えた一六六三年に、最初のターンパイク道路法（15 Cah.2, c.1）が制定され、馬車交通に耐えられる道路が築造される運びになった。

ターンパイクでは道路管理を担うべき治安判事が直接的に関与するのではなく、道路築造費を利用者に負担させ、半公共的性格を持つアド・ホック機関のトラストに維持管理を委ねた。アド・ホック機関のターンパイク・トラストは、一般法と同様に上下両院の助言と同意に基づき国王が承認して制定されたが、一般法として制定されるものではなかった。

そのため議会制定法に照らせば、ターンパイク・トラストは道路管理者としての資格を有していなかった。あくまで維持管理上の機関であった。

このターンパイクに、一八五一年に設立されたユナイテッド・キングダム電信会社は一八六一年七月までにロンドン～リバプール間において、三百マイル以上の電信線を架空方式で設置した。

それは敷設における経済的な理由によるものであったが、同会社法の第十五条（地中方式で通信線を敷設）に抵触した行為であった。鉄道敷地内のウェイリーブ権を有していない会社にとっては、存亡をかけたものであった。

そのため一八六二年までに分かっているだけでも、ユナイテッド・キングダム電信会社が建てた電柱は、同区間の二十八にも及ぶパリッシュにおいてニューサンスを惹起し、分かっているだけでも三件の告訴を受けている。なかには電柱設置を認めたトラストのメトロポリス道路委員会も被告に連なっている。

メトロポリス道路委員会は、一八二六年にテームズ川北岸の十四トラスト（延長百三十三マイル）が統合されて出来た大規模で影響力の強い組織であった。

一件目の裁判は一八六〇年の一月一日にバッキンガムシャーのターンパイクの両側歩道に、ユナイテッド・キングダム電信会社が木製柱を建て架空線を張ったことを受けたものであった。

裁判は十一回にもおよぶ審議を経たのち、一八六二年三月七日に上級審で判決が言い渡された。判決は電柱が道路を長きにわたり占有する施設であることから、舗装された場所あるいは通行可能な場所に電柱を設置することは道路上におけるオブストラクションであり、慣習法のニューサンスにあたるとされ、違法であると判決が下った。

二件目の裁判は、一八六二年四月二十四日に上級裁判所で判決がなされた。

ユナイテッド・キングダム電信会社は同路線のビーコンズ・フィールドからコルネ川までのターンパイクの歩道に電柱を建て、それが人びとの通行を阻害するオブストラクションであり、ニューサンスになっているとされた。

この裁判ではトラストが被告になっていないものの、法的な権限を有する機関の承諾なしに、長きにわたってオブストラクションになる電柱を設置したことが問題視された。メトロポリス道路委員会は、議会制定法によって定められた正式な道路管理者ではなかった。

三件目の裁判は一八六一年七月四日にロスチャイルド男爵から訴えられたものであり、十一月二十日に陪審を留め置かれている。

被告側のユナイテッド・キングダム電信会社は、一八六〇年十二月にアクトンのターンパイクにおいて、法的権限を有することなく歩道下に通信用のパイプを埋めた。原告（ロスチャイルド男爵）はパイプを埋めた歩道の反対側で隣接する土地の所有者であったが、訴えがなされた。本件ではトラストのメトロポリス道路委員会も被告になった。

しかしながら法廷は同会社が議会に改定の会社法案を上程していることを考慮し、法的権限が確定されるまで陪審を留め置くとした。

ユナイテッド・キングダム電信会社はターンパイクの道路端に電柱を建てることを認めてもらうために、一八六〇年十一月十二日に議会・特別委員会の J. Brouse 氏あてに請願し、翌年の六一年四月二十九日と五月四日と五月八日にも議会の Gibson 氏あてに三回も請願している。

この間、会社は一八六一年一月二日にイーリング・トラスト、一月九日にバンベリー・トラストと電柱建設に関し協議した。さらに二月十一日にビーコンズ・フィールド地区委員会の保健局に対し、ビーコンズ・フィールド・トラストとストークンチャーチ・トラストとの間でも、「電柱建設に関して合意した」と報告した。

一八六一年三月二十五日にはメトロポリス道路委員会において、「電柱は道路の歩道端から外側のオープンスペースに建てるが、村の中では地中線で敷設することを確約することで議会の同意が得られた」と報告している。苦情が数多く出たターンパイクを有する各パリッシュの同意を得たことを受け、ユナイテッド・キングダム電信会社は公道の歩道を外れた処における電柱建設へ大きく前進した。

さらに同年八月には会社の定例会議において、次の議会でターンパイクに電柱を建てられる法案が成立するとも報告している。ユナイテッド・キングダム電信会社は議会にもパリッシュにも根回しをし、ターンパイクにおける電柱建設に道を開いた。運河沿いや鉄道沿いに敷設権を有しない事業者にとって、公道は唯一の通信線確保のルートであった。

全ての電信線を地中線にすることは、技術上もコスト的にも難しかった。

改定されたユナイテッド・キングダム電信会社法（25 & 26 Vict, c.cxxxi）は、一八六二年七月七日に議会で承認された。

改定された会社法では、

・言葉の定義において、ストリートにターンパイクが含まれた（第一条）

・ターンパイクでは、歩行者や馬車等の移動に邪魔にならない場所（歩道端を外れたオープンスペース）に電柱を建てることが認められた（第七条）

・ターンパイクや公道においては所有者の同意や、架設する反対側の所有者の同意も得ることが求められた（第九条）

このように、係争中であった裁判の結果を受けた条文が羅列された。

なおアイルランドではイングランドやスコットランドと異なり、電柱建設が認められていたが

（第十四条）、本書ではイングランドのロンドンのみを対象にしている。

一般法の電信法制定による電柱規制

ユナイテッド・キングダム・テレグラフ会社の訴訟判決を受けた翌一八六三年、議会は一般法にあたる電信法一八六三（26 & 27 Vict, c.cxii）を制定した。

ユナイテッド・キングダム電信会社のみに与えた公道上の電柱建設は、一般法において広く認められることになった。

この法では、

・言葉の定義に、ポストに含まれるもの、ストリートに含まれるもの、パブリックロードに含まれるもの、管理者に含まれるものなどが明確に示され、道路にはターンパイクも加わり、管理者にはトラストも含まれた（第三条）

・敷設に際しては、道路管理者との同意文書を作成することが明記された（第五条）

・道路に設置した電信のメンテナンスを実施すること（第六条）

・首都建設局（一八五五年制定の首都運営法で設置）の権限が及ぶ地区の街路や、人口が三万人を超える町では、通りの管理権を有する者の同意を得て電信線を設けること（第九条）

・地方自治体の権限が及ぶ道路では、自治体の同意なくして電信線を敷設してはいけない（第十二条）

・電信線は地上から十ヤード以内に設置してはならないことと、所有者や賃借人の同意なく設

置してはならない（第二十二条）
・電信線はメトロポリス・市・大きな町において通りに電柱を建ててはならない（第二十三条）

など、多くの条項が盛り込まれた。

一般法の電信法一八六三によって、人口三万人を超える町や市さらには首都圏（首都建設局の権限が及ぶ範囲）では、公道などに電柱を建てることが明確に禁じられることになった。

しかしながらロンドンにおける公道でも、首都建設局の権限がおよぶ範囲（一八五五年の首都運営法に定める区域のうち、ロンドン市と特別自治区を除く区域）と、地方自治体にあたるパリッシュの権限がおよぶ範囲と、ロンドン市の下水道委員会が管轄する範囲とに分かれていた。

電信事業者のみならず多くの事業者は地中線を敷設するにあたり、どこに許しを求めるべきか判断に苦しむ事態になっており、まことに複雑きわまりない権限の輻輳が見受けられた。

首都建設局の権限がおよぶところでも、ロンドン市では舗装などの表面の管理権限は下水道委員会に帰属していた。道路掘削にあたっては舗装を剥がす必要があったし（舗装管理者）、管線類を埋設するには占用の許可条件を満たすことが求められた（道路管理者）。

電信事業は公益事業として郵政省が実施するべきものであったが、一八四六年のエレクトリック・テレグラフ会社法案の審議において、クックとリカルドの両名に受け入れてもらえず、電信事業の運営に関与できなかったことのツケでもあった。郵政省と議会が電信装置の果たす大きな役割をどこまで認識していたのか定かではないものの、あまり重きを置いていなかったことは確かであった。

電信事業の国有化

クック達が設定した電報の料金体系（百マイル以内・百マイルを超える区域・ワード数の多さによって異なっていた）はあまりに高額であったため、シティの金融業者から引き下げを求められた。また高額な電報の内容が正しく相手に伝達されないことを理由にした提訴も多くあった。さらに一刻も早い情報の入手を求め、競争会社より早く電報が届くように求め提訴する事業者まで出現した。

いっぽう電信線の通じていない離れた地域では、この電報の恩恵に与れずにいた。こうした不平等な条件下に置かれた地域が多かったことから、電信事業を公益事業として一般大衆にひろく開かれた制度にするよう求める機運が高まり、政府は世論をバックにして電信事業を国有化することにした。

こうして世論に後押しされた電信事業国有化の法案は、一八六八年六月十八日に議会へ提出されたが、独占的に電報事業を営んでいた各鉄道会社と各電信会社は強く反発したため、議会の下院に特別委員会が設けられた。

ホイートストンは一八六八年六月六日に特別委員会に招かれ、意見を尋ねられ、「電信事業を国有化することで、広く大衆の利便性や電報の秘密も守られる」と見解を述べている。

特別委員会では、鉄道事業主や電信会社の主張に応じた議員の働きかけによって電信会社の買収条件に修正が加えられ、電信会社に有利な形で決着をみた。こうして国有化法（31&32 Vict, c.110）が制定された。この結果、電信事業の取得と保守さらに運用に関する権限の一切が郵政大臣に移管された。

有利な売却条件の提示を受け郵政省との契約書にサインした鉄道会社と電信会社数は、計九十六社にも及んだ。このなかにはプライベート電信を扱っていたユニバーサル・プライベート・テレグラフ会社も契約書にサインしている。

郵政省法の成立と排他的独占権の付与とコスト面からの架空線選択

一八六八年の電信事業国有化法は、翌年の一八六九年八月に一部が追加され、新たな法（32&33 Vict, c.73）が制定された。この一八六八～一八六九年の両法を受けて、電信国有化法は郵政省法と命名された（第二十四条）。

一八六九法の主たるものには、

・郵政大臣は電信事業の送信に関する排他的独占権を有することが明記され、電報の受信や集配さらに配送のすべての遂行に適用される（第四条）
・電信の送信に関する免許交付権限は郵政大臣に付与される（第五条）
・補償に関する一般的原則が示される（第七条）
・電信事業の独占化に伴い、買い取りに応じていない事業者から買い取りを求められた場合は、買い上げの義務が生じる（第八条）

などが明示された。

ところが多くの鉄道会社から、鉄道事業者と電信事業者との間で交わされた契約条項に従って、同法第七条に定める営業補償を求める提訴がなされた。この決着までには多くの期間と多額の費用を必要とした。これは郵政省にとって想定外であった。

また郵政省は一八六九年七月に、郵政省法の追加法案を議会の特別委員会に提出した。

この特別委員会に参考人として招致された電信会社の技師・リチャード・スペルマンは、架空線と地中線のコスト差について、「ロンドンでは二マイル（3.22 km）の地中線敷設に、四十線も必要としている。安く設置できる地中線が望まれる」と述べている。

当時の地中線方式では、架空線方式の約六倍のコスト（議会証言では、十～十二倍とする者もいた）を必要としていた。そのため地中線でしか対応できない場所以外では、一般的に架空線方式が採用された。郵政省もコスト面と維持管理上から架空線方式を採った。

特に郵政大臣は議会の特別委員会において、「地中線はコスト面から採用できない」と述べている。

郵政省は電信事業を独占国有化したいっぽうで、法規制のかかった道路掘削をともなう地中線を出来るだけ避け、安価な架空線方式に傾倒していった。

架空線の絶縁技術は一八五七年に確立されていたが、地中線は水のなかに浸かることを前提にしているため、通信障害が発生すると多くの接合部から故障の接合個所を特定することが困難であった。

そのため鉄管のなかに通信線と防護材のガタパーチャやセメントを詰めるケースでは、二重に敷設していた。地中線方式が最善であることは理解されていたものの、コストと絶縁技術の面から架空線方式の便利さが優先された。

郵政省による自由な通行権の獲得

郵政省は上空に架空線を張るために各建物を訪ね、ウェイリーブ権の同意を求めた。そうした手続きの煩雑さと同意が得られない場合の迂回路模索から、郵政大臣は所有者の同意を必要としない自由なウェイリーブ権の取得を求めることにした。

郵政大臣は一八七八年に自由なウェイリーブ権を手に入れるべく、郵政省法の修正法案を提出し、議会で承認された（41 & 42 Vict, c.76）。

この修正法では、

・ウェイリーブ権の付与（第三条）
・郵政大臣の訴訟権（第四条）
・電信線の敷設にあたっては、道路沿いや利用者に障害が生じるものであってはならないという条件付きであるものの、鉄道や運河さらには堤防やドックに及ぶ範囲にまで及ぶ電柱建設の権限付与（第六条）

などを手に入れた。

この結果、郵政省の所有する電信線は道路管理者の管理する建築限界外の上空において、建物所有者の同意を得ることなく自由に通過できるようになった。

いっぽう郵政大臣は鉄道会社と電信会社が実施していた電報業務を一八六八年に取得したが、これはあくまで一八六三年までに事業を営んでいた鉄道会社と電信会社のウェイリーブ権を取得したに過ぎない。

そのため郵政大臣は鉄道会社の設立時期（一八六四年以降）によって、鉄道用地を横断するケーブル類のウェイリーブ権を得る必要があった。それが一八七八年法の成立を受け、同年一月一日以降に認可された鉄道会社用地では、同意を得ることなく上空を横断することが可能になった（第六条第四項）。

なお、ここに示したウェイリーブ権は上空通過権に過ぎず、建物の屋上に柱を建てる場合や煙突に支柱を添架する場合は建物所有者の同意が必要で、個人所有権を侵す権限までは与えられていなかった。

特に敷地内に植えられている樹木が通過する電信線に邪魔になっても、郵政大臣はウェイリーブ権を盾にして、樹木の伐採を求めることができなかった。それは個人財産の侵害にあたった。郵政大臣と云えども、個人の権利を侵すことまでは認められていなかった。


架空電信線を拒否した道路管理者の訴えと判決の与えた影響

ターンパイクにおける電信柱判決から二十二年経った一八八四年の四月に、ロンドン市郊外（テームズ川の南岸地区）のワンズワース地区の道路管理者（土木委員会）は郵政大臣を相手取り、電信法一八七八の条項（第三～五条）にもとづき、架空電信線を地下線にするよう提訴した。

提訴理由としてワンズワース地区では地中線が5.6 km、架空線が26 kmあるが、この架空線は切断の恐れと人命や財産にダメージを与える恐れがある。郵政大臣は価格差から架空線を採択しているが、地区の道路管理者の同意を得ることなく実施していて、この措置は電信法に違反しているとした。

裁判は鉄道委員会（電信事業は鉄道用信号装置に始まるため鉄道委員会の所管）の裁決において郵政大臣の勝訴となり、郵政省の架空線は容認された。

しかしながら、いくつかの点で道路空間における電信線には、規制が加えられることになった。

① すべての電信線を鉄線から銅線に変えることを義務付けられた

② すべてのポールを木柱から鉄柱に変更させられた

③ 電信線の架空高も、道路上の最下点で三十フィート（9.14 m）を下回らないよう配線することが義務付けられた

④ 道路横断する架空線の支間距離も百ヤード（91.44 m）を下回ってはならないとされた。

この判決は郵政省にとって、とても大きな代償になった。公道上では道路管理者の権限が及ぶ建築限界内に架空線を設けられなくなった。ターンパイクにおける通行権を侵害する位置での電柱規制と同様に、建築限界内にある架空線が撤去されることになった。

この採決により示された銅線は柔らかいことと高価であったため、断線するケースや盗まれることが多々発生し、銅線に代わり硬銅線が使われるようになった。

架空線訴訟は全国的に四事例があったが、それぞれ異なる判決が言い渡された。ロンドンでは、ワンズワース地区における判決が効力を持った。

この結果、市街地における架空線の居場所は、道路管理者の権限が及ばない遥か上空にしかなくなった。そして、ビルの上を跨ぐオーバーヘッド・ワイヤー方式が誕生した。今までは建物の上を越えるだけで足り、道路空間を自由に架線できた電信線はおおきな拘束を受けることになった。

また所管する商務省は全国的な規制基準を示さず各自治体の自主性に委ねたため、ウェイリーブ権に関し、さまざまな考え方や解釈が生まれた。そのため各自治体によって異なる規制がおこなわれたが、それでも地中埋設に応じることはなかった。

事業者の間では自治体ごとに異なる規制で混乱したことから、商務省に統一見解を求める声が高まったが、商務省はそうした声があっても自ら進んで対応することはなかった。そして道路上空の混乱に拍車がかかり、最終判断は裁判の判決以外に見いだせなかった。

電線技術の発達と架空線増加

電信線は鉄線の単線で架線され電柱にはフックが取り付けられたが、漏電が見受けられた。英仏海峡が海底ケーブルで結ばれるという特別な方法はあったものの、一般的な架線方法は鉄線を用い、発信者側の蓄電池を使い信号搬送された。そして絶縁材としての碍子が発明された。碍子の果たした役割は大きかった。

さらに鉄線は大気中の汚染物質にさらされたため、アマニ油が塗られた。銅線もまれに用いられたが、高価なため盗まれることが多く鉄線が利用された。

いっぽうで鉄線は電気抵抗がおおきく、架線距離が延びると雑音と誘導雑音になやまされた。そのため太い鉄線が用いられたが裁判の結果を受け、次第にコストの高い硬銅線になった。

一八八一年には技術革新によりダブル線が使われるようになる。ダブル線（双線式回線）になったことで電信線に発生する誘導電流にともなう雑音が克服され、一次側（発信側）の蓄電池も必要なくなった。

当初から絶縁技術に苦労した電信線は防腐剤入りのガタパーチャやインドゴムによって克服され、誘導電流による雑音もダブル線によって解消され、地中線方式の課題が次々に解消された。なおケーブル線が日常的に使われるようになるのは、紙で絶縁されたものが発明されてからになる。地下水のなかに浸る地中線は絶縁が十分になされる必要があり、開発に時間を必要とした

さらに硬銅線のダブル線は何十対もダブル線が組み込まれたケーブルに代わっていく。電信線は通信需要が高まっていくなかで徐々に技術レベルが向上し、需要に技術が追い付いていくが、アース線に始まる技術革新はコスト的に六倍以上も安い架空電信線を増やす結果になった。

第3章

乱雑に敷設された地下埋設物と管線類を収容する首都建設局の共同溝計画

灯りとしてのガス燈

ロンドン市では夜間の強盗対策として、家の軒先に明りを灯すことが法的に求められていた。明りのないところでは強盗が多く発生し、まことに物騒な都市でもあった。そうしたなかにあって、明け方まで暗闇を照らすガス燈が灯されることになった。

ガス製造に成功したフレデリック・ウインザーは英国で特許を取得し、ひろく公共施設や家庭にガス燈をひろめようとした。そのためウインザーは一八〇九年に、ガスライト・アンド・コーク会社を設立するための法案を議会に提出した。ウインザーは委員会で三燭光（ろうそく三本分）の街路ガス燈が公衆に寄与することを強調し、翌一八一〇年に三年間の時限法（50 Geo.3, c.clxiii）を手に入れた。

電信会社法が制定される三十六年前に、道路を利用して大衆に便益を供与するガス燈事業は水道事業に倣い制定された。ガス事業も水道事業と同様に道路下に管を埋設する事業であったから、道路掘削権を付与されることが必須事項であった。

議会は彼の会社に法人格を与える前提として、

・資本金を二十万ポンドとするよう求めた（第二条）
・メイン管が敷設されていない道路沿いの家には、ガス供給が許されなかった（第二十七条）
・ガス供給のための道路掘削権と管路の敷設権限が与えられた（第三十条）
・道路掘削にあたっては自治体の同意を前提にした（第三十三条）
・議会は水道工事における埋め戻しの悪さを手本に、舗装復旧を充分におこなわせること（第三十一条）

などを明記した。

こうしてガス燈事業に着手することはできたが、会社に与えられた権利が三年間に限定されていたため、ウインザーは再度、ガスライト・アンド・コーク会社の延長を願い出て、一八一四年に認められた。この改定法（54 Geo.3, c.cxvi）では、メイン管が敷設されていない道路沿いの家にも、ガス燈供給が認められた（第九条）。この結果、枝管での供給が可能になり、多くの家にガス燈が灯った。

ウインザーのガス事業は灯油などを販売していた団体からの反対や技術者の未熟さなど多くの困難に直面したが、それまでの暗やみに近いなかで夜を過ごした市民にとって、たとえ三燭光の明りであっても、灯りが明け方まで継続される様は革新的であった。

市民はガス燈による利便性を享受するために、工事における通行障害や喧噪というニューサンス（迷惑行為）に目をつぶった。道路管理者はガス事業者が特別法による道路掘削権を持っていたため、よほどのことがない限り、容認せざるを得なかった。なお道路管理者が拒否した場合には、裁判に訴える権利を認められていなかった。また中世から供給されていた水道事業では、政府が企業者間競争を促したことから短い期間ではあったが、同一路線に複数の事業者の管路が埋設された。

水道事業者の供給区域を定めていれば道路も傷まなかったし、交通障害も少なくて済んだはずであるが、政府が独占企業による高い料金を防止するために競争させた結果は、多くの人々にニューサンスとなった。

ガス工事約款法と水道工事約款法の制定

ガス燈は発足から三十年の月日をかけて一般家庭にまで普及し、暗い夜を過ごすための必須アイテムになった。この間、多くのガス会社が事業に参入したため、一般法にあたるガス工事約款法一八四七（10 Vict, c.15）が議会で制定された。

この法には、

①　雨水渠やトンネルなど地下に埋設されている構造物をガス管が貫通することを認めること（第六条）

②　個人の土地にガス管を埋設する際は同意を得たうえで実施すること（第七条）

③　道路を掘り起こす場合には、事前に管理者の同意を得ること（第八条）

が盛り込まれていた。

しかしながらガス供給を義務づける条項は含まれていなかった。それは水道事業と同様にガス会社間に競争を促し、価格や利益を統制する意図があったからである。

そうした政府の意図とはうらはらに、企業間競争による道路掘削回数は増える一方で、市民は痛んだ舗装と道路掘削の多さに悩まされた。水道事業者とガス事業者は多くの路線において、掘削と埋め戻しを繰り返した。舗装はパリッシュの負担であった。

いっぽうでガス会社には安全面から関心が寄せられ、当該法において不当な配当（資本の十％まで）を制限する条項（第三十条）が設けられた。

同様に水道会社設立のための一般法にあたる水道工事約款法一八四七（10 Vict, c.17）も同年、議会で制定された（一八四五年の会社法制定を受けた結果）。

この法では、
・水道配管工事では雨水渠やドレーンを貫通させることを容認した（第二十八条）
・水道事業者に常時給水し、十分な供給量を提供するとともに、適正な水圧を保持すること（第三十五条）
・消火栓の位置（第三十八条）
などが決められた。

こうしたことからガス管と水道管は、管路敷設時に雨水渠に出会うと雨水渠を貫通させた。こうした行為によって、雨水渠の流下能力に著しく低下するところが生まれた。

首都ガス法の制定

一八五五〜一八五八年までの間に個別法で誕生したガス供給会社は、会社間の価格競争に明け暮れた。ガス管敷設は各社にとってコストの負担増であったし、市民生活にとっても不便な状況を招いていた。こうした状況についてロンドンに在るガス会社の首脳たちは、自分たちが無駄な競争にお金をかけ、市民にも迷惑をかけていることに気づいた。そして一八五七年に協議し、お互いの供給エリアを定めることにした。

いっぽうロンドン市内には、首都圏の九社とは別にガス会社が四社あったが、供給区域の割当ては行われなかった。ロンドン市は事業を独占させることで、コストが高止まりすることを恐れた。そしてロンドン市では、その後も競争が継続された。

しかしながらロンドンの各地区における道路掘削数をみる限り、工事は水道会社間でもガス会社間でも行われていた。ウェストミンスターの特権区域でも、一八五六〜一八六三年の間で、各社が頻繁に道路掘削をしている。通過交通量が急激に増加している中での実施であった。

政府は一八六〇年に首都圏にあるガス会社・九社に対し、ガス価格と配当制限さらに各社の供給区域を割り当てるための首都ガス法（23 & 24 Vict, c.125）を制定した。これは一八五七年の協議事項を法制化したものであったが、法とは異なる形で掘削工事が継続していた。

ロンドン市ガス法の制定

ロンドン市当局は首都ガス法の成立から八年経ってから、首都ガス法の規定に準じたロンドン市ガス法（31 & 32 Vict, c.cxxv）を受け入れた。これは設備の誘発事故による損失を負担するためのものであったし、ガスの価格上限と最低品質水準を規定するものであった。

ガス工事約款法一八四七では個人所有地への管路敷設は、所有者の同意を得て実施することになっていた。またメイン管が敷設されていない道路上に公共街燈を据える場合の規定にも不足があった。消費者への供給義務も課せられていなかった。

こうした不都合な規定を修正するために、議会はガス工事約款法一八七一（34 & 35 Vict, c.41）を制定した。この法では、個人客のためにメイン管から二十五ヤード離れたところまでガス供給する義務があると規定した（第十一条）。この結果、ガス会社は個人の所有地や裏道（個人所有）でも、規定内であればガス供給をおこなう義務が課せられた。

従前、道路舗装やゴミの回収などは個人所有地に立ち入らないことになっていたが、ガス供給はガス会社の義務になった。また公共の場所でも街燈のために、メイン管から五十フィート離れたところまでガスを供給する義務を課せられた（第二十四条）。

その後、一八七五年五月に首都ガス会社法案が提出され、十一回におよぶ特別委員会が開かれた。

この委員会では、ガス価格と資本家に対する配当支払いを連結したスライド制が議論された。このスライド制は過去に二回示されたものの、実現されることなく終わっていた。この法案は廃案になったが、商務省は首都建設局にスライド制の通知をしている。

このように公益事業としてのガス事業では、供給をおこなう義務が課せられ、いっぽうでは増え続ける交通量（馬車、歩行者）を考慮した道路掘削をおこなう必要に迫られた。

多くの人々が稠密に暮らすところでは、日常生活に必要な水道やガス燈さらに経済活動に有益な電信や気送管など様々な要求に応えるとともに、人々の移動を容易にするための道路幅や新たな幹線道路の必要性に迫られた。

ロンドンでは多くの点で、古い都市構造の変革が求められた。

ニューサンスの開放につながる共同溝[注一]の考案

水道事業とガス事業は生活インフラであったものの、繰り返し実施される道路掘削は人びとにとってニューサンスにあたる行為でもあった。シティの丘陵地にあるコーンヒルに住むジョン・ウイリアムスは、こうした状況を憂慮しローマ人が設置した地下水道にちなみ、ブリティッシュ・サブウェイ（以下、共同溝）を考案した。

彼は石舗装を外すことなく本管補修が可能になる収容施設を街路下に設けることを提案し、一八二二年に特許（No.4716）を得た。埋設用の管類は斜路を造り、そこから地中の共同溝に引き込む。各家には専用管を敷設し、本管から枝管を分岐し地下室に引き込むとした。さらに共同溝の敷設位置は街路の中心付近とし、明り取りの窓を設けるとした。

彼の考えたものは、幅と両側の壁高が五フィート（1.52 m）で、アーチ状のセンター高が七フィート五インチ（2.29 m）の箱型施設であった。彼は共同溝の直下に、地下雨水渠を置くことを提案した。河岸地域では地下水位が地面から六フィート（1.8 m）下にあり、共同溝の直下に排水施設を設けない限り、共同溝が水没し管類の修理すらおぼつかなくなる。そのため排水・舗装委員会に、共同溝の敷設費用を負担させる考えも持っていた。

そうすることで雨水渠が未整備な街路にも排水施設と共同溝を敷設できるとしたが、排水・舗装委員会の同意は得られなかった。

彼は翌二三年に精力的にパブリック・ミーティングを開き、新聞に広告を出して出資者を募り、議会や市議会に働きかけたが、あまりに巨額の費用がかかることと、既に敷設済みの管類を掘り起こして移設する必要があったことから、現実的ではなく実現されることなく終わった。

一八五〇年代の議会通り（Parliament Street）に敷設された管類（図―3―3）をみてみると、

① すべての管類が浅層埋設されていた
② 同じ会社の管路も多数あった
③ 地下電信線が敷設されていた

車道下には隙間がないくらい埋設管があった。政府や商務省は道路空間におけるインフラ施設をすべて地下に収容しようとしたが、道路掘削権を有した事業者は好き放題に事業を展開していた。政府が市民にとって利用しやすい価格を提供するために競争原理を働かせたこともあり、各家庭への引き込み管がどのようになされたのか想像できないほど多くの管類が公道下に埋設された。そして道路の舗装は傷んだ。

首都建設局による最初の共同溝計画

多くの地下埋設物が道路下を占拠していた一八五五年に、中央政府は首都運営法（18&19 Vict, c.120）を制定した。

同法では、

・下水道事業を実施する首都建設局を作る（第四十三条）
・新たに二十三の教区会と十四の地区委員会を設け、地区下水道の建設や補修をおこなう（第三十二条）
・五万ポンドを超える事業計画は政府に委ねることにし、十万ポンドを超える事業計画は議会の承認を前提にした（第百四十四条）
・ヴィクトリア女王直属の委員会に拒否権を与えた（第百三十六条）

また同法では、独自に街路や雨水渠を構築するための課税権が付与されたが、首都建設局や地区委員会の財源や負担金等については触れない。

首都建設局が新設街路を築造するにあたっては、ガス管や水道管などの掘り返しによる交通障害を避ける目的もあった。それほどに馬車交通量は大量になっており、管路の復旧工事等も多かった。

そうした交通量に反し主要街路の幅員は狭く、馬車が三台以上通過できる車道幅を有する路線は、主たる三百四十八路線のうち僅かに六十八路線しかなく、二台通過できる路線も八十六路線に過ぎなかった。そのため三十年以上も昔にジョン・ウイリアムスが考案した共同溝を改良設置し、管類やケーブル類を収容することにした。併せて共同溝の直下に雨水渠を敷設することにした。

なお巨額の費用を要する共同溝の敷設は新設街路のみとし、既存の主要街路（拡幅なし）は対象外にした。それは議会通りの事例でも述べたように、既設街路には管類が至るところに埋設されていて、新たな共同溝を築造し多くの管類を移設するには莫大な費用が必要なことにあった。また一時的にせよ閉鎖されたことによって他路線の渋滞が一層増し、商業活動が盛んなところでは、与える影響が大きすぎた。

首都建設局は一八五七年九月十六日に共同溝のコンペを公示し、一等道路（主要幹線街路）の最優秀デザイン者に百ギニーの賞金、二等道路（準幹線街路）の最優秀デザイン者に五十ギニーを与えることにした。コンペには三十九作品の応募があり、七人の選考委員が審査をおこない、事務局の担当者にジョセフ・バザルゲットがいた。

バザルゲットはロンドン下水道の父と称される人物で、ナイトの称号授与と土木学会の会長としても有名であるが、首都建設局で共同溝やテームズ・エンバンクメントなどのプランナー兼責任者でもあった。彼は共同溝設置に関する議会答弁なども担った。

国王は一八五七年に勅令を発し、首都建設局にシティとウェストミンスター市の特権区域とサザーク自治区において、新設街路を築造させる権限を付与した。

この勅令を受けて、コヴェント・ガーデン・アプローチとサザーク自治区とウェストミンスター市を連絡する最初の新設街路法（20&21 Vict, c.cxv）が誕生した。

首都建設局は手始めにスクエアのコヴェント・ガーデン（ウェストミンスター市の特権区域）に通じる新設街路（延長約91 m）と、南岸地域のサザーク自治区におけるブラック・フライアーズ橋とロンドン橋を結ぶ新設街路（延長約1,000 m）を造ることにした。

コヴェント・ガーデンへ通じる新設街路は一八三八年に議会特別委員会において提案されており、一向に実現されない新設街路であった。併せて地下に市民の安全のための共同溝設置（第十八条）と、直下に自由地下水と雨水を流す雨水渠の設置（第十条）が盛り込まれた。最初の共同溝は一般法の共同溝法として設置された訳ではなく、新設される新設街路法に盛り込まれた一施設であった。その後、雨水渠は汚水も流せる下水渠へ移行する。この共同溝には、ガス管と水道管さらには電信線も収容するとされた（第十八条）。

しかしながら、新設街路に設けられる共同溝に管線類の入溝義務はなかった。また新設道路の掘削制限（道路管理者などが新たな道路掘削を拒否する権限）は設けられていなかった。首都建設局はウイリアムスの考案した共同溝をはるかに上回る、底辺幅が約四メートルの半円形のアーチ構造（直径約十三フィート）とし、なかに六インチの水道管と六インチのガス管を入れる考えであった。さらに各建物への接続は高さ三フィート九インチ、幅二フィート六インチの長方形の穴を開け導管を引き込む予定であった。当時では六インチの口径で充分であった。この構造物によって電信線・水道管・ガス管は舗装を痛めることもなく、道路を通行する馬車等の邪魔にもならないとした。さらに換気用の窓も用意されていた。

しかし、コヴェント・ガーデンでは水道会社がガス管の爆発を恐れ、ガス管の入溝を拒否した。

当時のガス管をつなぐ技術は未熟で、水道会社の恐れは致し方ないものであった。

なおサザーク・ストリートでは通りを照らすガス燈用の二インチのガス管が二本入溝している。通りによって運営するガス会社と水道会社が異なるため、異なった対応になった。サザーク・ストリートはロンドン橋が混雑した際にブラック・フライアーズ橋への迂回路として提案されていた。共同溝の大きさはコヴェント・ガーデンと同じであった。

このように首都建設局が実施した改造事業は、過去に議会に提案されたものを踏襲したものであり、首都建設局はそうした提案されたプランを実現化する役割を担った。

実施されなかった二番目の共同溝計画

続く共同溝計画は、翌一八五八年に成立するロンドン東部のライムハウスとヴィクトリア・パークを結ぶ新設道路を造るローカル法（21 & 22 Vict, c.xxxviii）において位置づけられた。ヴィクトリア・パークは大気汚染の激しいイースト・エンド（ドックのある周辺で、その昔は湿地帯で洪水時の緩衝地帯）に市民の健康を確保するための請願がなされ、造られたロンドン最初のパブリック・パークである。

この法ではガス管や水道管さらには電信線を収容する共同溝を設けることが明記されたものの（第二十七条）、ヴィクトリア・パーク（一八四五年に開園）は二大中心地（シティとウェストミンスター）を形成する四マイル（6.43 km）の円内から外れたところにあった。

この四マイルの考え方は、一八六七年における首都建設局が所管する共同溝の管理法案を審議する議会の特別委員会において、委員長から述べられた。ロンドンの核を形成する中心地を外れたところでは、投資効果が低かったものと判断される。

この道路はヴィクトリア・パークとライムハウスとを結ぶ外環道路であったため、新設道路と云えども水道・ガスとも需要密度は低かった。バーデット・ロードと命名された新設道路であったが、一八六二年に供用開始された道路は歩道さえ未舗装になった。舗装費用は地元自治体（道路管理者）の負担であったから、教区会が郊外の新設道路で舗装を実施することはなかった。

首都建設局は個別の新設街路法案を制定するにあたり共同溝を敷設する意思があったと思われるが、実施しなかった明確な理由は判然としない。

コヴェント・ガーデンとサザークとヴィクトリア・パークの新設街路では、首都運営法による規定のみが適用されており、都市改造にともなう地元が負担する地方税に関する規定は未だなかった。そうしたことを考慮すれば地元のメリットは大きかったと思われるが、中心地のシティから離れたイースト・エンドの郊外では、建物の密集度など低かったから共同溝を設けて管類を収容する必要性は低かったと思われる。

三番目のテームズ・エンバンクメントにおける共同溝計画

三番目の共同溝計画はテームズ川堤防の築造に併せ、川幅を狭くし余剰地に新設街路を築造するなかに含まれていた。これも既に一八四〇年の議会・特別委員会に、テームズ川の水深を深くし川幅をせばめるプランが提出されていた。一八三八年の議会・特別委員会に提出されたプランには、ロンドンにおける街路網計画や街路築造による交通時間短縮の費用対効果も作成されていた。

しかしながら、こうした計画にはテームズ川の浅瀬に造る新設街路計画は含まれていない。いっぽうには新たなロンドン橋の築造によって、水深が浅くなって船の航行や荷揚げに支障になったテームズ川があった。他方にはロンドンの二大中心地（政治上の中心地のウェストミンスターと、経済の中心地のシティ）を結ぶ狭い主要街道が二路線しかなかった。一路線はホルボーンで幅員は10.74 mであり、もう一路線はフリート・ストリートで幅員は7.21 mしかなかった。

一八三八年のプランのように中心市街地のど真ん中を切りさく新設街路を築造するためには、土地買収に要する多くの時間と多額の費用が必要であった。

ロンドン大火以降に計画された新設街路は数多いものの、市街地のなかでは中央政府の思惑通りに事が進まなかった。テームズ川堤防の築造に伴う余剰地の活用は、まさに最善のプランであったが、ルートが決定されなかった。

一八五八年になると、ゴールズワージー・ガーニーが提出したテームズ川浄化プランについて特別委員会が設置され、資料として浅瀬を埋め立てる新設街路案が三つ提出された。上流側の起点部はウェストミンスター橋で統一されながらも、終点と接続路線が異なっていた。

このプランのなかにはチャーリング・クロスに接続する新設街路案（ノーサンバーランド・アヴェニュー）の入ったものや、ロンドン市と合意した新設街路（マンション・ハウスの途中まで）が盛り込まれたものもあった。最終案は波止場労働者等への補償問題などの課題はあったものの、新設街路（クイーン・ヴィクトリア通り）に接続するルートが採択された。

下段下水幹線は当初、ヴィクトリア・ストリートからストランドを通る計画になっていたが、工事によって商業を営む人々などが二年間も影響を受けることを憂慮し、新設街路の直下に変更された。この結果、共同溝の下に敷設される予定であった下水渠は幹線下水道に変更された。

こうしてウェストミンスター橋～ブラック・フライアーズ橋間に設ける新設街路（テームズ・エンバンクメント）は、一八六二年に法（25 & 26 Vict, c.93）として制定された。

法には共同溝設置（第七十七条）が盛り込まれたものの、実施計画に共同溝設置は入っていなかった。これは資金調達の関係から共同溝計画を盛り込まなかったためであり、翌六三年に資金調達が可能になったことから、共同溝計画が盛り込まれた。

新設街路は幅が百フィート（30.48 m）あり、馬車道が六十四フィート（19.50 m）、川側歩道が二十フィート（6.10 m）、陸地側歩道が十六フィート（4.88 m）で構成されていた。共同溝は建物のない堤防側にだけ設けられることになった。

通常は需要者のいる建物側の歩道下に設けるが、今回はテームズ川沿いに地下鉄が計画されていたため、堤防側の歩道下に設けた。地下鉄道はレイルウェイ・スキーム（メトロポリス）図にも載っており、メトロポリタン・ディストリクト・レイルウェイ会社の地下鉄が通ることになった。

共同溝の大きさは今までと異なり小さく、底辺幅が九フィート（2.74 m）の半円形のアーチ構造で、延長は二千二百三十ヤード（2,040 m）である。サザーク通りの共同溝でさえ小さいと云われていたが、テームズ・エンバンクメントではもっと小さくなった。

後年、テームズ・エンバンクメントでは共同溝のスペースが狭いために、入溝できない電話線の処理用にダクトを歩道下に埋設することになる。

こうしてロンドンの都市改造計画は徐々にではあるが進捗し始めた。

四番目のクイーン・ヴィクトリア通りにおける共同溝計画

四番目の共同溝計画はテームズ川沿いの新設街路の終点であるブラック・フライアーズ橋からマンション・ハウスまでの新設街路において計画され、一八三八年のレポートから長年にわたり多くのルートが検討されてきた街路である。

ロンドン市との協議が整った新たな街路・クイーン・ヴィクトリア通りは、一八六三年に首都改良法（26 & 27 Vict, c.45）として制定された。

この法では共同溝に、ガス管・水道管・電信線・その他のものを収容するとされた（第九条）。ここに初めて、電信線以外のものも入溝の対象になった。

それ以外のものとしては、一八五九年に議会で承認された気送管会社（22 & 23 Vict, c.cxxxviii）の圧送管が想定された。それは共同溝以外に気送管のための道路掘削を認めれば、共同溝を敷設する意味が減少することにある。クイーン・ヴィクトリア通りはイングランド銀行にも近くビジネス街でもあったから、共同溝を敷設できない既設街路のために、こうした配慮がなされた。

クイーン・ヴィクトリア通りは、幅七十フィート（21.3 m）で全延長は千二百ヤード（1,097 m）

であった。共同溝の大きさはコヴェント・ガーデンと同じであった。

五番目の共同溝になるロンドン市の大規模事業

五番目の共同溝はロンドン市がホルボーン・バレー地区を改良するに併せ実施するものであり、ホルボーン・バレーを拡幅し斜路間に陸閘を新設する区間と、取り付け街路などに共同溝を敷設するものであった。ロンドン市当局は中央政府の石炭とワインにかける課税の延長を受け入れる代わりに、一八六四年六月にホルボーン・バレーを改造することを議会に承認させた（27＆28 Vict, c.lxi）。

この改良計画では陸閘下に共同溝を設け、接続する新たな街路の下にも共同溝を延長し（第十九条）、直下に下水渠を設置することにした（第二十一条）。しかしながらロンドン市には共同溝建設のノウハウがなかったため、事業を首都建設委員会に委嘱した（第二十八条）。

当該事業はロンドン市の事業のためか、首都建設局の資料には詳細が示されていない。ホルボーン・バレーにおける陸閘下に設置された共同溝は、三つの点でおおきな特徴を有していた。

・ひとつは陸閘下に形の異なる共同溝（半円形と矩形）が設けられたこと
・ふたつには広い幹線では両側に共同溝が設けられ、狭い幹線では街路のセンターに共同溝が設けられたこと
・三つには同時に新設された路線にも連続性を持った共同溝が設けられたことである。

それまでは面的なものではなく線的な共同溝設置のみであり、ロンドン市の面的な改良事業において初めて連続性のある共同溝が設けられた。

近くには後年スミスフィールド・マーケットになる広大な家畜市場跡があり、そこに通じるチャーターハウス・ストリートも新設された。このようにホルボーン陸閘周辺は、ロンドン市が実施した都市改良事業の中心を担ったところであった。

ホルボーン陸閘に設置された共同溝については、一八九八年八月号の「ストランド・マガジン」誌に、写真入りで掲載された。下水渠は卵形で汚物が溜まりにくい構造になっていた。この下水渠には建物側の放流部にフラップゲートが設置されていた。

暗渠化されたフリート川を通じ高潮が遡上することを想定したものか、臭い防止のフラップゲートなのか判断されないが、そうした工夫がなされていた。臭気止めのトラップは道路側溝にも敷設されてあったが、悪臭はグレーチングを通じて放出された。

六番目の新設道路（コマーシャル・ロード・イースト）における共同溝計画

六番目の共同溝はロンドン市のイースト・エンドにあるホワイトチャペルにおける新設街路（コマーシャル・ロード）の築造時に実施された。この街路は湿地帯に設けたドックに通じる路線であり、一八三六年から一八四〇年にかけ議会の都市改造・特別委員会においてプランが示されたものを具現化する路線であり、イースト・インディアとウエスト・インディアの両ドックから商品をシティに送るための路線であった。

議会は一八六五年法（28 & 29 Vict, c.iii）を制定し、共同溝設置（第十七条）が盛り込まれた。

この新設街路は、延長三百八十ヤード（348 m）で幅は七十フィート（21.4 m）であった。計画図（図—3－20）は後述するLCCの図面から導いたものであるが、この図ではホワイトチャペル・ハイ・ストリートに直線的に交差する線形になっており、一九〇五年の王立委員会におけるロンドン交通報告書にも同様に直線で記されており、現在の道路形態と異なる。

新設街路はコマーシャル・ロード・イーストと命名された。また設置された共同溝のおおきさは最初のコヴェント・ガーデンと同じであったが、収容物件の詳細は不明である。

道路掘削を防止するための共同溝維持管理法案

道路掘削による道路渋滞を防ぐための施設として共同溝を構築しながら、首都建設局には掘削を拒否する権限がなかった。そのため道路掘削権限を認められていた水道やガス事業者は、新設街路であっても道路を掘削し管を埋設した。個別法の条項で築造された共同溝は各事業者の入溝を必須事項にしておらず、そのため新設街路であっても、道路管理者（パリッシュなど）の同意があれば、各事業者は道路掘削し管路を埋設することが可能であった。ロンドン市における道路舗装の管轄権（表面管理）は、下水道委員会にあった。

こうした道路本体（下水管までの地中）と舗装管理が異なるという複雑な関係にあったなかで首都建設局が共同溝を築造しても、新設街路に設置される管類を阻止することはできなかった。

このような状況を改善し、共同溝が敷設された路線において全ての事業者に入溝を促し、道路掘削を規制する仕組みづくり（掘削制限）が必要になった。

共同溝の維持管理と道路掘削規制法案

こうした整合性を欠く状態を改善するためには、共同溝が設置された街路において占用物のための道路掘削を制限する法を制定する以外に術がなかった。また首都建設局が道路舗装の管理権を手に入れることも難しかった。

共同溝維持管理法案は一八六四年の五月にようやく提出された。この法案は、首都建設局が築造した共同溝を有する新設街路において新たな掘り返しを防止し、水道管やガス管などが公衆に迷惑を与えることを阻止し、地下埋設物を共同溝に入溝させる管理規定を定めることにあった。下院での特別委員会は十二回開催され、各水道会社・ガス会社が意見陳述をおこなった。

委員会の結論は、共同溝にガス管を入溝させないという条件付きで審議を終えた。上院も通過したが、一八五五年に成立した首都管理法（18&19 Vict, c.cxx）に定める、拒否権を有する国王を補佐する委員会はこれを認めず、廃案となった。認めなかった理由は定かでない。この結果、相変わらず新設街路において道路掘削が行われ、交通渋滞をさらに招いた。

この審議過程において明らかになったのは、各所における掘削回数の多さとガス漏れによる爆発の多さである。セントマーチン・インザ・フィールドでは、各会社が頻繁に道路掘削を実施していた。

またガス事業は十九世紀初頭から防犯上の措置として有効なため、常夜燈として広く活用されてきた。

しかしながら当時の鋳鉄管をつなぐ技術は未発達であったため、雨水渠を横断したり地下トンネルを貫通する際に管が壊れたりして、ガス漏れやガス爆発が多く発生していた。

議会の特別委員会に報告されたガス漏れの発生状況では、漏れたガスが雨水渠に充満することもあった。また地下埋設物を横切ってガス管が敷設されることもあって、雨水渠のみならず電線パイプにまでガスが漏れて入り込むことさえあった。郵政省本局でも、ガス本管でガス漏れが発生していた。こうした雨水渠を貫く行為は法的に容認されていた。

こうした事態も踏まえ、共同溝の換気口が百ヤード（91.44 m）間隔で設けられ、内部に明り取りや灯り（基本はガス燈）が設けられたが、それでも水道事業者のなかにはガス漏れを危惧しガス管の入溝を拒んでいた。

黎明期の水道事業でも木管の継ぎ目や鉛管の継ぎ目で大量の水が漏れていた。ガス管でも同様に漏れることは想定されたが、ガスは水道水のように漏れるだけではなく、爆発など死に至る危険性があるため、安全性が担保されない限り、水道事業者が受け入れない姿勢を貫くことは致し方ないことであった。

ガス漏れ対策技術の進化と再度の法案提出

ガス管の入溝拒否で廃案になった共同溝維持管理法案は、一八六七年の五月に再審議される運びになった。首都建設局にとって多額の費用を投じて築造した共同溝が機能不全になっていることは容認できなかった。

特別委員会は十二回開催され、水道事業者はガス管の入溝に同意した。三年前の廃案から一転、賛意が示されたのには二つの理由があった。

・ひとつは三年前に拒否されたガス管の接合技術が格段に進歩し、ガス漏れの危険性が薄れていたこと

・ふたつめは新設街路の共同溝への入溝費用を首都建設局が負担することにあった

成立した法（31 & 32 Vict, c.lxxix）は一般法ではなく、首都建設局が施工済みの共同溝に係るローカル法として成立した。第四条に事実上の掘削規制が盛り込まれた。そして同法が適用される共同溝関連法（各事業別）が示された。

なおホルボーン陸閘下の共同溝は都市自治体であるロンドン市の事業であったため、同法の対象外になった。

再び幻になった南岸テームズ堤防の共同溝計画

テームズ川の北側に設置されたテームズ・エンバンクメントと同様、南岸でも堤防街路が設置されることになり、一八六八年にふたつの法（31 & 32 Vict, c.cxi）・（31 & 32 Vict, c.cxxxv）が制定され、それぞれの法の第十四条と第十六条に共同溝設置条項が盛り込まれた。

しかしながら南岸地域では、共同溝が設置されることはなかった。それはテームズ川の南に位置するサリー側にはウェストミンスターとシティを結ぶような東西幹線街路の必要性がなく、法

に共同溝設置が盛り込まれたものの南部下水幹線も川から離れており、建物が密に集まっているところでもなかった。このことはヴィクトリアパーク・アプローチと同様に法的に明示されるに止まった。

ロンドン市の管理するサブウェィ維持管理と掘削規制法

ロンドン市は常に都市自治体であることを誇りにし、独自路線を貫いていた。そのためホルボーン周辺に共同溝を設けたことを受け、首都建設局の共同溝管理規定に倣い、ホルボーン陸閘とそれに接続する街路における掘削規制を盛り込んだ法案を一八六九年に議会に提出し、ただちに承認された（32&33 Vict, c.xxx）。そして首都建設局と同様に、既設管の移設費用を第五条に盛り込んだ。ホルボーン陸閘のみならず、接続する数か所のサブウェィも対象になっており、ロンドン市でも新設街路における掘削規制と移設費用負担が明示された。

各事業者（水道、ガス、電信、気送管など）は既に共同溝が設置された路線において、道路の掘削規制を受けることになったが、首都建設局が路線上にある架空線の撤去まで踏み込むことはなかった。

既設街路の拡幅計画における共同溝設置

シティとウェストミンスターを結ぶ第三の主要街路（テームズ・エンバンクメント）が出来上がると、今度は南北方向をつなぐ幹線街路の必要性が高まった。そのため議会は一八七二年に、メトロポリタン・ストリート・インプルーブメンツ・アクト一八七二（32&33 Vict, c.clxiii）を制定した。この法には五つの地区における既設街路の拡幅計画が定められ、第十七条に共同溝設置条項が盛り込まれた。

今までは新設街路だけに共同溝を設置する街路築造法案が議会に諮られてきたが、既設街路の拡幅事業においても共同溝設置が認められることになった。

この法案における審議過程は明らかになっていないので、どのような理由から拡幅路線でも共同溝を認めることになったのか定かでないが、いずれの路線でも共同溝が敷設されることはなかった。

この頃には首都建設局の街路築造費に関する地方分担金が決められていたので、教区会や地区委員会が共同溝設置の負担金を拒めば、実施されることがなかったものと推察される。

七番目の共同溝計画　チャーリング・クロスとテームズ・エンバンクメントを結ぶ新設街路（ノーサンバーランド通り）

テームズ川沿いの新設街路になるテームズ・エンバンクメントが出来上がっても、並行するストランドに連絡する街路はなかった。ノーサンバーランド・ハウスはトラファルガー・スクエアからテームズ川岸にかけて広大な屋敷地を有するノーサンプトン伯爵の館で、周囲には商店が立ち並んでいた。ここに白羽の矢を立て、一八七三年に主要街路をつなぐ新設街路法（36&37 Vict, c.c）を制定した。

新設街路は延長三百十ヤード（283 m）で幅九十フィート（27.4 m）であった。この事業はテームズ・エンバンクメント事業の一環として実施された。共同溝の詳細は明らかになっていないが、一八七九年の電燈に関する議会の特別委員会において共同溝の大きさを聞かれ、首都建設局はとても大きいと回答している。コヴェント・ガーデンと同じ大きさであったと判断されるし、電信用の地中線も入溝した。

八番目のシャフツベリー・アヴェニューにおける共同溝設置計画

一八七七年法（40＆41 Vict, c.ccxxxv）には、十の街路改造事業が計画された。共同溝設置は一八七二年法と同様に、第十七条に盛り込まれていた。この法に盛り込まれたウェスト・エンドの改造計画にはシャフツベリー・アヴェニューがあった。十の改造事業のうち、シャフツベリー・アヴェニューは延長九百ヤード（823 m）で幅が六十フィート（18.3 m）であった。シャフツベリー・アヴェニューには共同溝が設置された。一八八七年の首都建設局のレポートには、バザルゲットからパイプ類を入溝させたとの報告がなされているが、詳しい収容物件等の内容は定かでない。

九番目のチャーリング・クロス・ロードにおける共同溝計画

同様に同法で規定された街路改造事業にはチャーリング・クロスからトッテンハム・コート・ロードまでの路線（チャーリング・クロス・ロード）があった。この路線は延長九百ヤード

（823 m）で、幅が六十フィート（18.3 m）であった。このチャーリング・クロス・ロードにも共同溝が設置された。この共同溝のおおきさについては、首都建設局の年次記録にも記載がない。なお、こうした改造事業で共同溝が設置されたところと設置されない路線との違いは、教区会や地区委員会が事業費を負担してでも、交通渋滞を招く道路掘削を避ける意思を有しているか否かにかかっていたものと察せられる。

十番目になる首都建設局に権限を付与する法（一八八五年）における新設街路・ローズベリー・アヴェニューの共同溝設置

新設街路のローズベリー・アヴェニューにサブウェイを設置する計画は、もともと一八七七年に制定された首都街路改良法（40 & 41 Vict, c.ccxxxv）に組み込まれていたものである。首都建設局は幅員を六十フィート（18.3 m）にすることを求めたが、新築された建物があったため、最大でも五十三フィート（16.1 m）しか確保できなかった。残りの七フィートをめぐり首都建設局は裁判に訴えたが、勝訴できなかった。首都建設局は街路事業において必要な幅員を確保できる権限（私権制限）が付与されるまで実施されなかった。そして一八八五年に首都建設局にさまざまな権限を付与する法（48 & 49 Vict, c.clxvii）が成立したことで、六十フィートの幅員を確保することが可能になった。首都建設局は当該路線の全区間に共同溝を設置することにした。

この事業では延長も長いため三区間にわけて実施されている。最初の区間が千三百十二フィート、次の区間が千百四十フィート、最終区間が千六十八フィートで、総街路延長は三千五百二十フィートであった。全体の事業が終了したのは一八九二年である。

しかしながら共同溝は当該路線の全てに敷設された訳ではなく、八百ヤードにしか実施されていない。どの区間のどこに、実施されていないところがあるか判然としない。地方自治体によって、共同溝を受け入れていないところがあったものと推察される。

このように十もの路線において共同溝が設置され、管線類を収容することになっていたが、郵政省を始めとする各事業者は一向に地中化する気配がなかった。共同溝が設置されていても上空は乱雑なままであった。共同溝のなかであれば故障個所も調べやすかったと思われるが、それでも地中化に対する拒絶反応が続いた。そのため共同溝の役目は、あくまで道路工事による交通渋滞対策にとどまった。

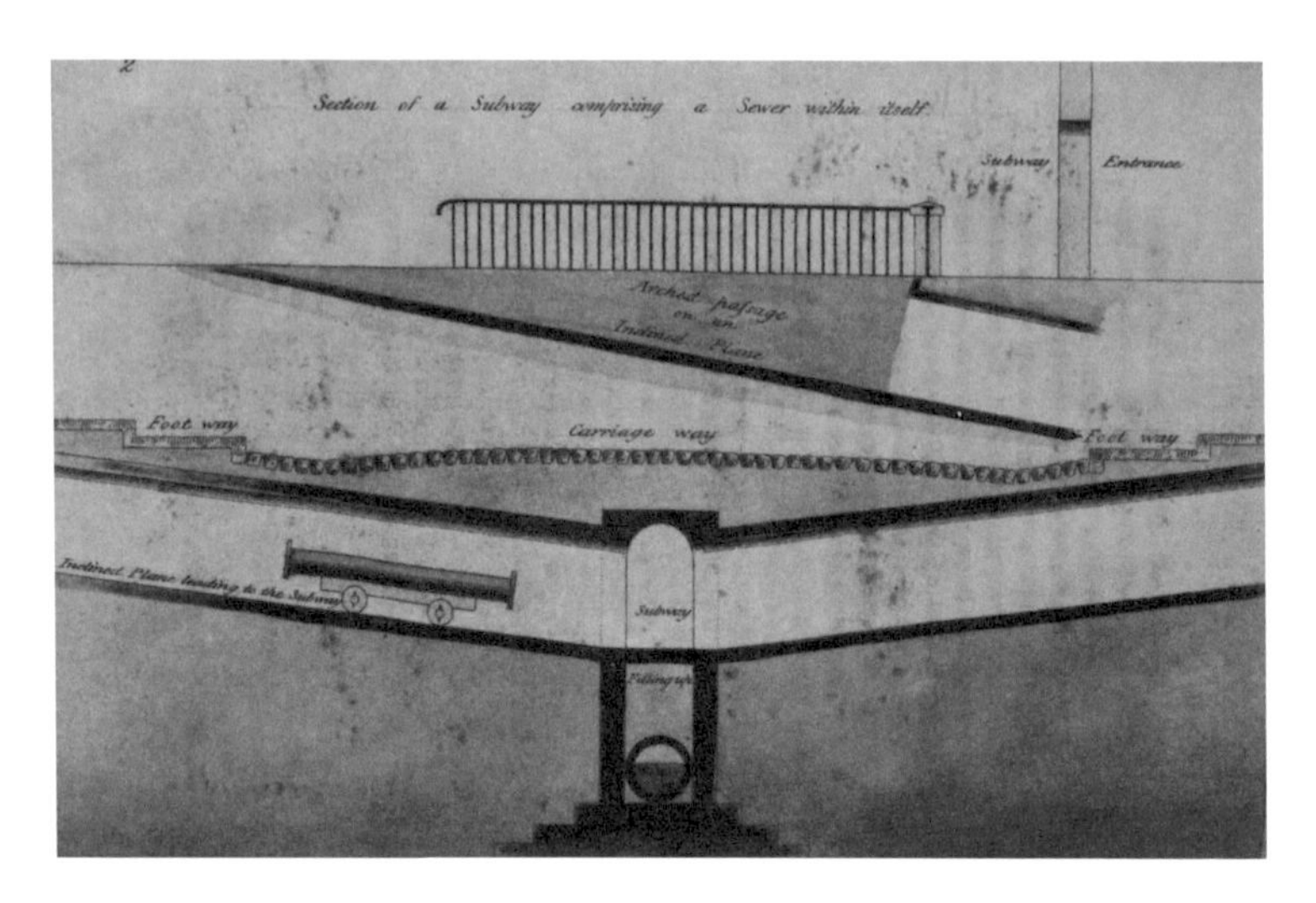

図―3－1　道路センターに設けられた共同溝への管類の引き込み図

出典元 : 『An Historical Account of Sub-ways』, 1823 年, p.44

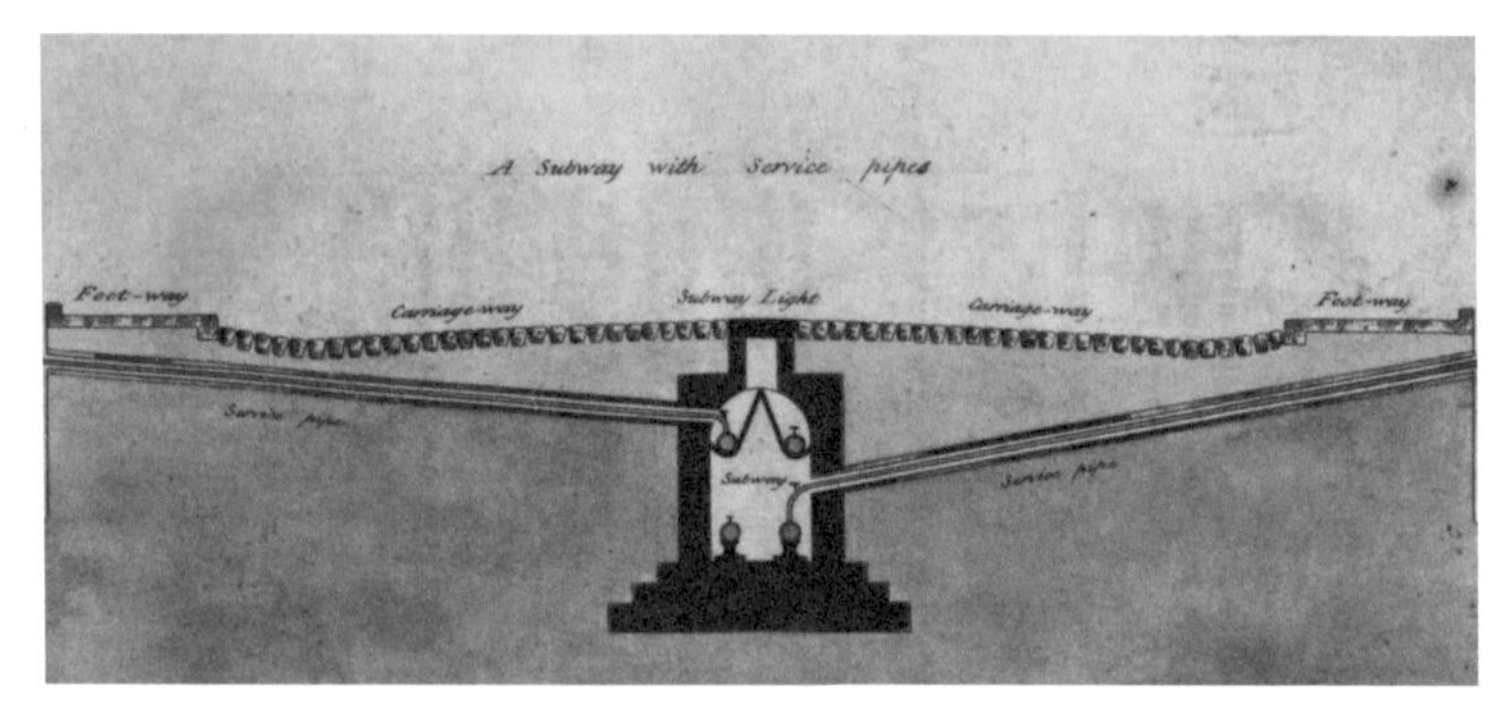

図―3－2　共同溝から家庭への引き込み方法

出典元 : 『An Historical Account of Sub-ways』, 1823 年, p.100 と 101 の間

表―3－1　各地区における道路掘削数

通り・地区	**期間（年）**	**掘削数**
St. Martin-in the Fields	1856~1863	10,377
St. Marylebone	1859~1863	44,932
Strand District	1859~1864	9,474
St. James' Westminster	1860~1864	9,445
Holborn District	1859~1863	5,332
Paddington	1859~1864	9,225

出典元：「The Civil Engineer and Architect's Journal」, 1 Aug, 1865 年, p.222

表―3－2　St. Martin-in-the-Fields における
各社の掘削状況

St. Martin-in-the-Fields

年＼名	Equitable Gas	London Gas	Chartered Gas	New River	Chelsea Water	計
1856	246	184	287	495	44	1,256
1857	638	225	196	477	65	1,601
1858	1,277	171	27	343	61	1,879
1859	994	53	12	453	48	1,562
1860	482	42	122	397	34	1,077
1861	512	27	43	407	56	1,045
1862	494	17	16	406	59	992
1863	481	20	3	409	52	965
計	5,124	741	706	3,887	419	10,377

出典元：『Report from the Select Committee on the Metropolitan Subways Bill』, 1864 年, p.4

表―3－3　議会通りに敷設された管類

Parliament Street	
pipes	18
gas	12
water	4
telegraph	1
drain	1
sewer	beside

出典元：「The Journal of the Society of Arts」, 8 Jan, 1858 年, p.105

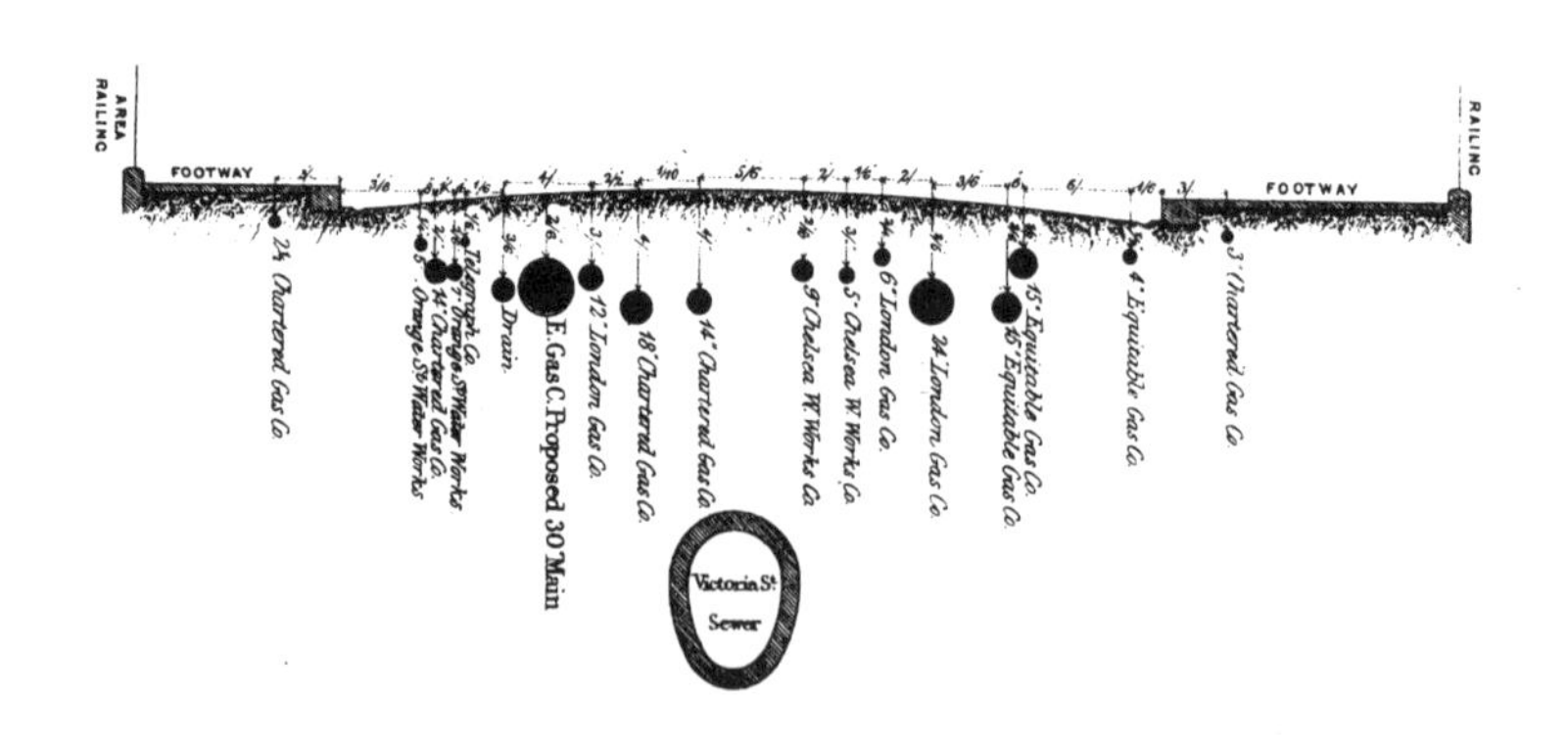

図―3－3　議会通りの道路断面図（占用物件一覧）

出典元：『Metropolitan Drainage』, 3 Aug, 1857 年, APPENDIX.XIII (Plate1)

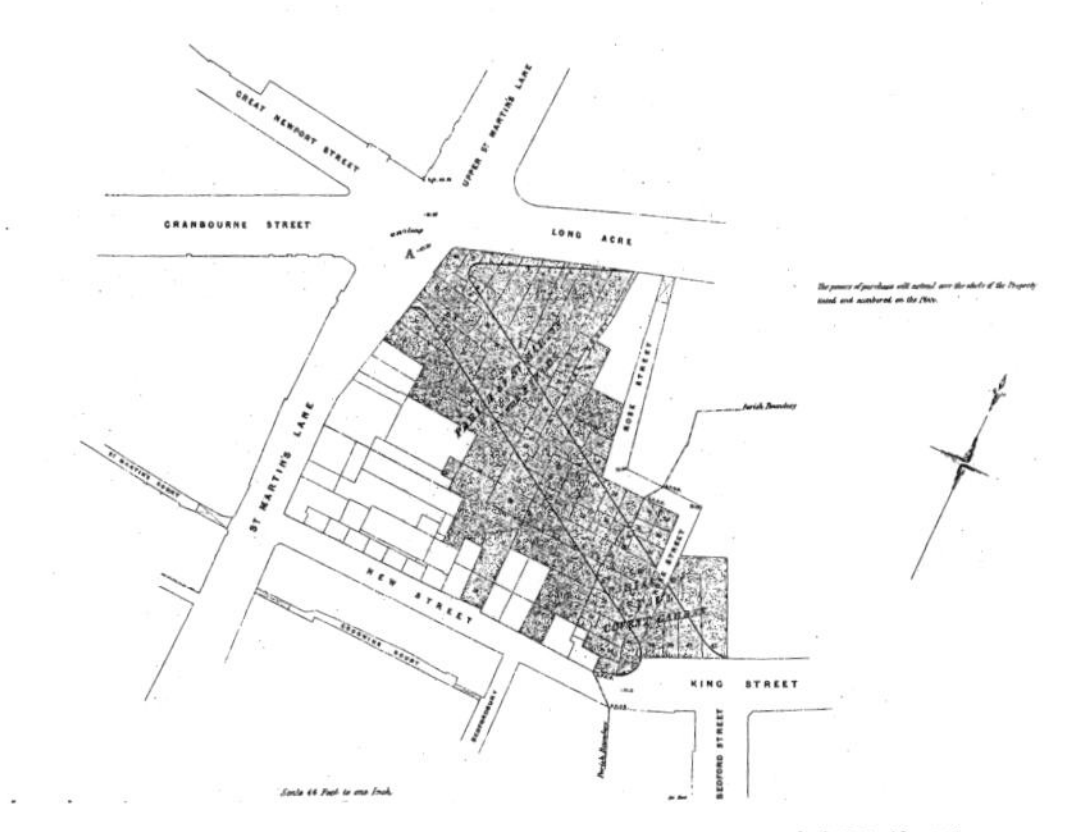

図―3－4　コヴェント・ガーデンの新設街路

出典元：『History of London Street Improvements, 1855-1897』, 1898年, Plan I

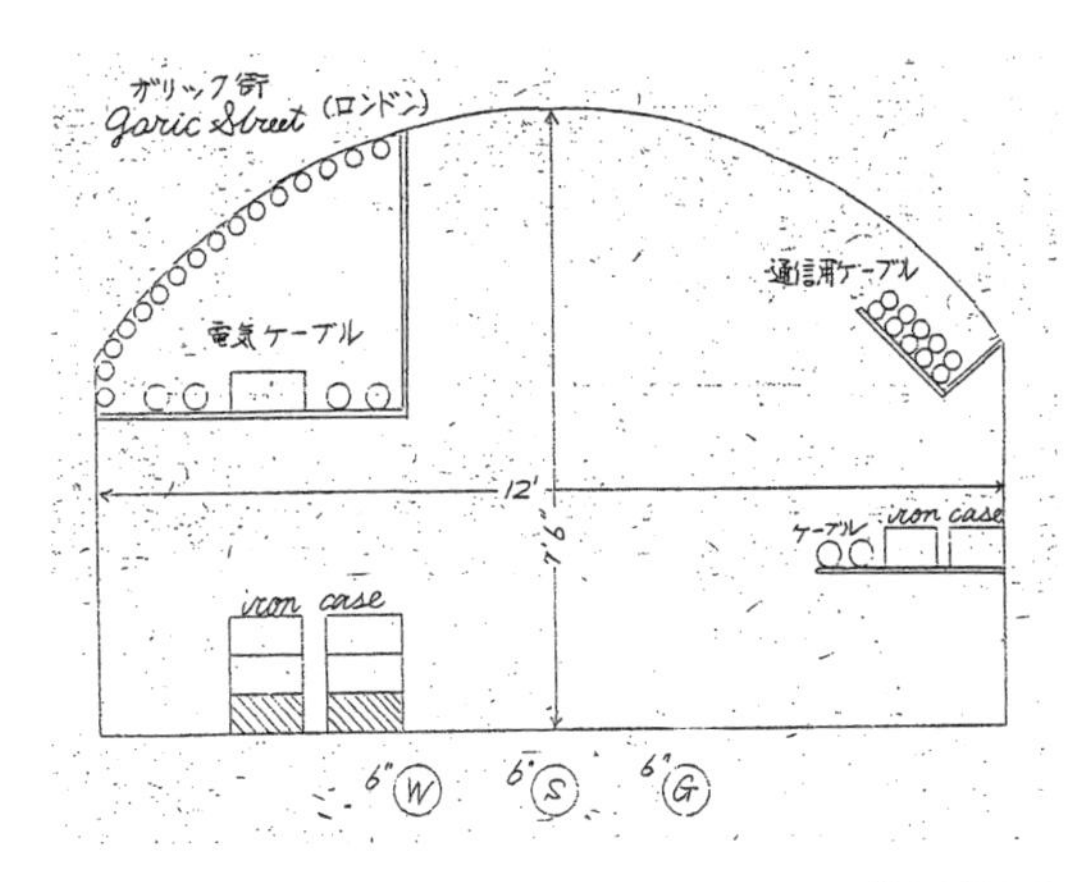

図―3－5　ギャリック・ストリートの共同溝図

出典元：金子源一郎「輓近に於ける地下埋設物の整理に就て」

この断面図は当初のものではなく後年のものと推察される。電燈ケーブルが入溝済みのため。なお、電燈線は入溝当初は底板に埋め込んだ。

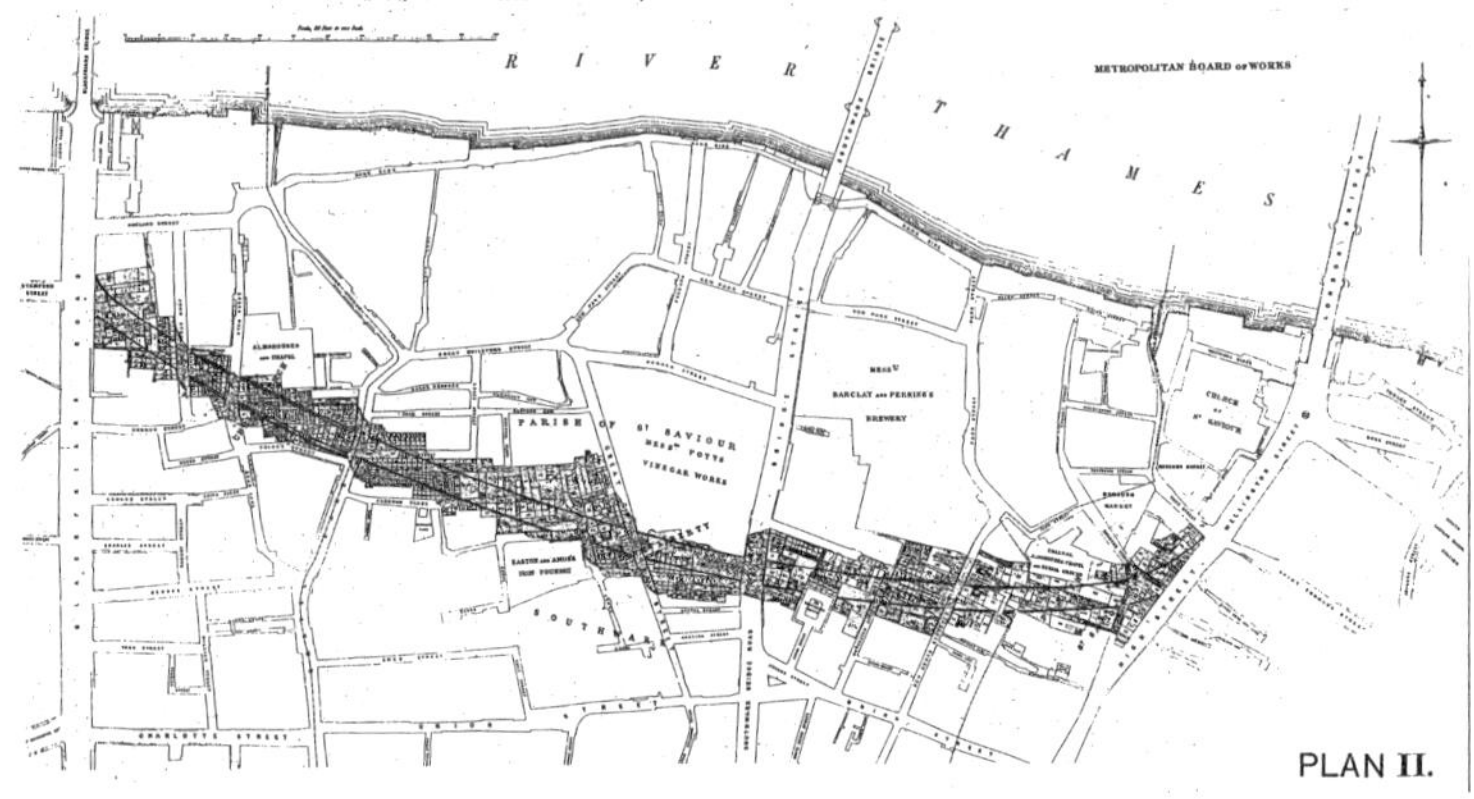

図―3－6　テームズ川南岸サザークの新設道路

出典元：『History of London Street Improvements, 1855-1897』, 1898 年, Plan Ⅱ

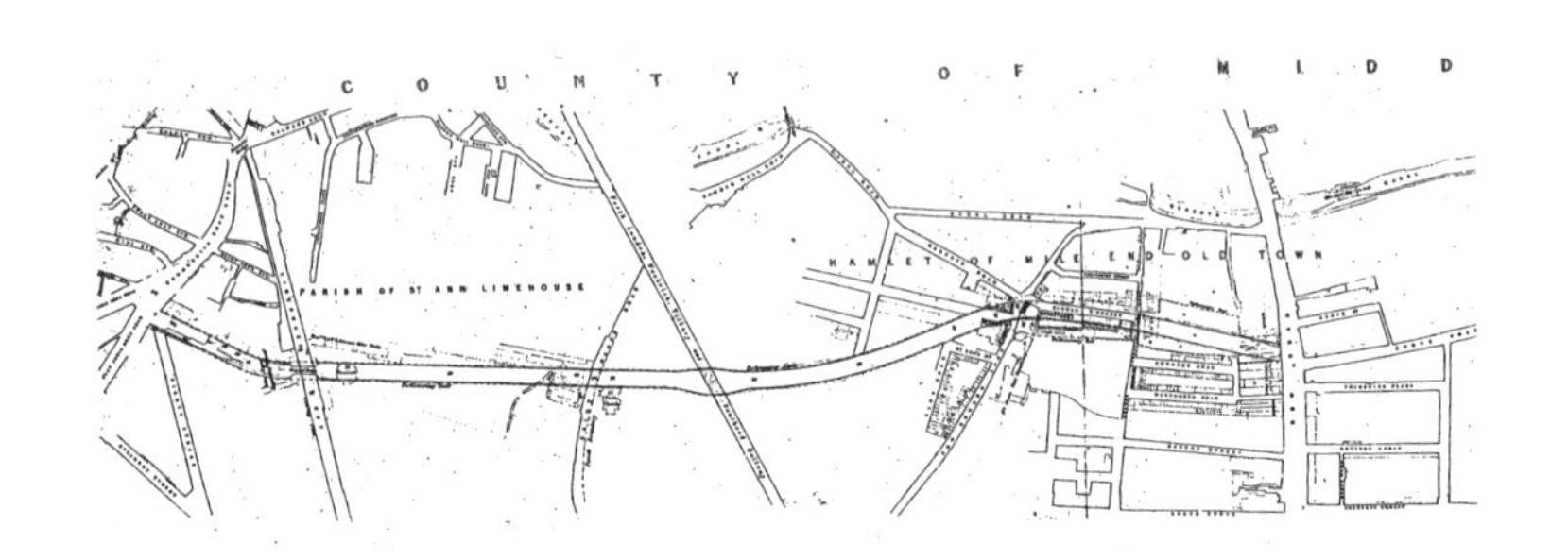

図―3－7　ヴィクトリア・アプローチの新設道路

出典元：『History of London Street Improvements, 1855-1897』, 1898 年, Plan Ⅲ
一部 筆者加筆

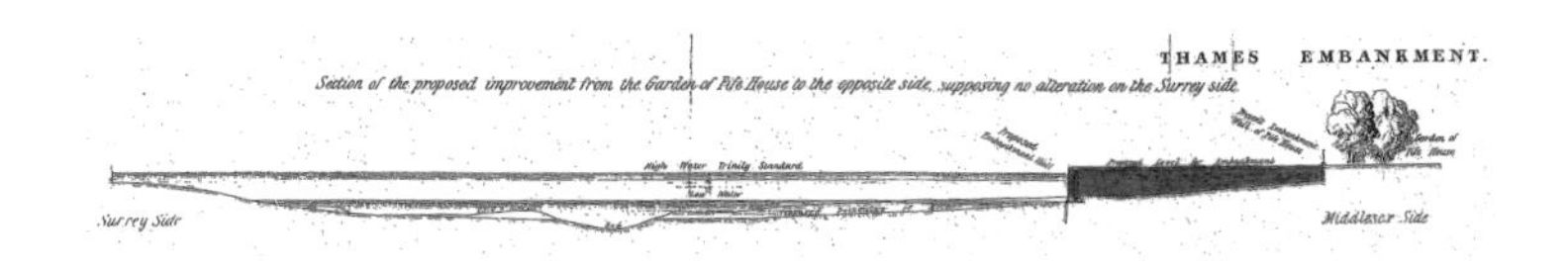

図―3－8　テームズ川の横断面図

出典元：「Report from the Select Committee on Thames Embankment」,
1840 年 附図に筆者加筆（黒く塗った部分が埋立地）

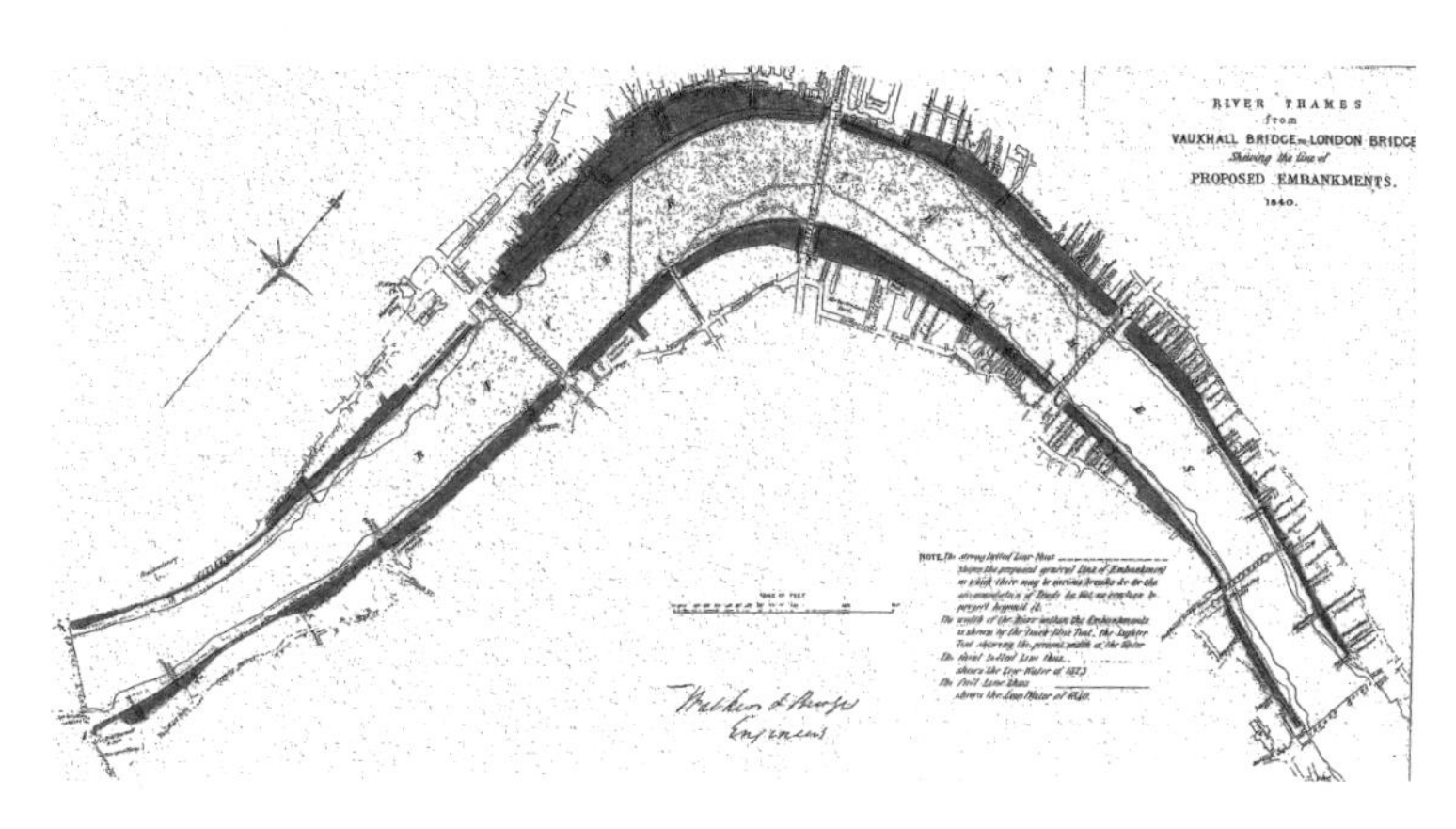

図―3－9　テームズ川の埋め立て想定平面図

出典元：「Report from the Select Committee on Thames Embankment」,
1840 年 附図に筆者加筆（黒く塗った部分が埋立地）

シティとウェストミンスターを結ぶ幹線街路が２路線しかなかったなかでテームズ川を埋め立てることで造り出せる余剰地は新設街路に相応しいものになった。

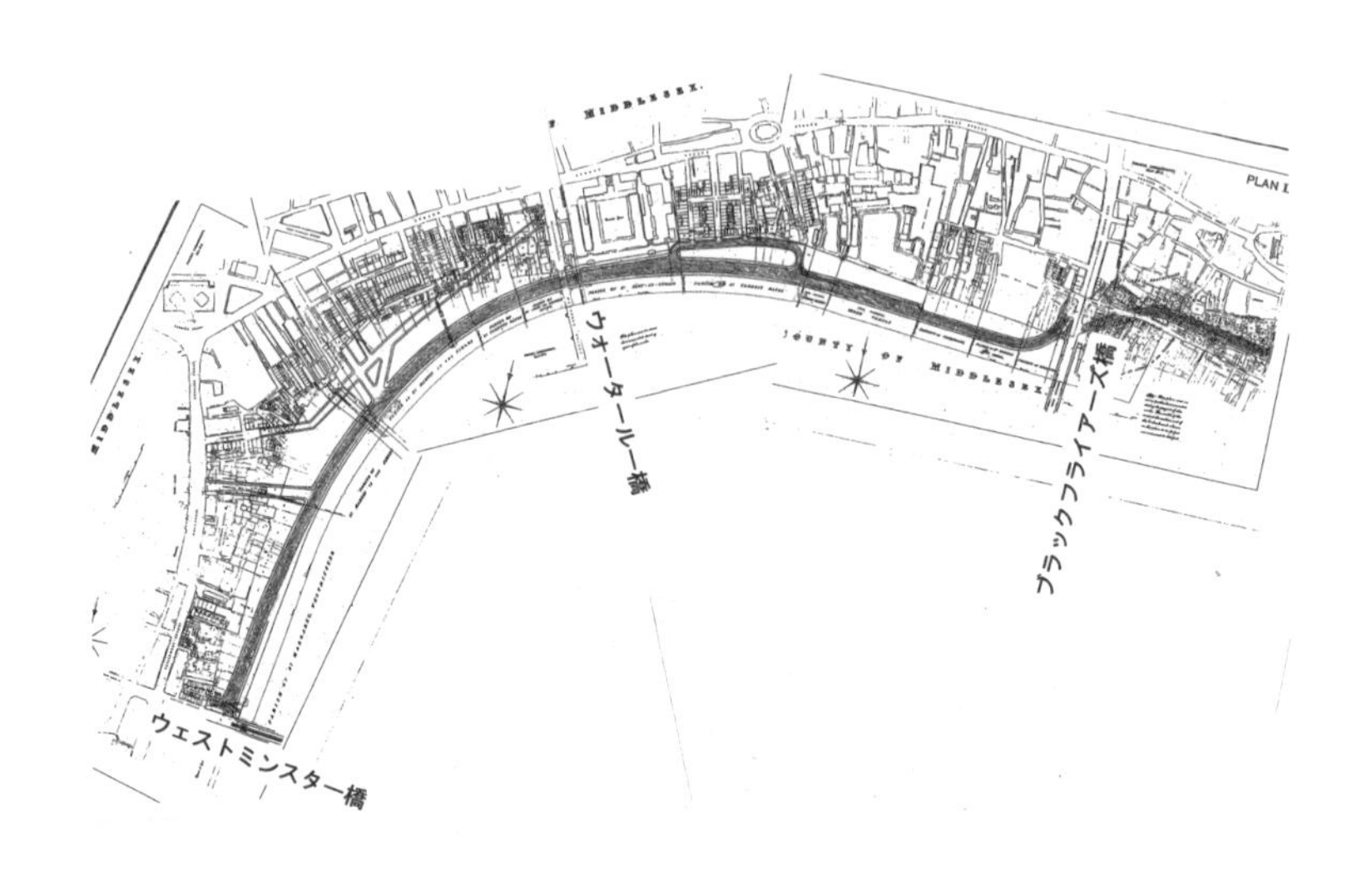

図—3－10　テームズ川の浅瀬を埋め立てた新設街路図

出典元：『History of London Street Improvements, 1855-1897』, 1898 年 , plan LII に筆者加筆

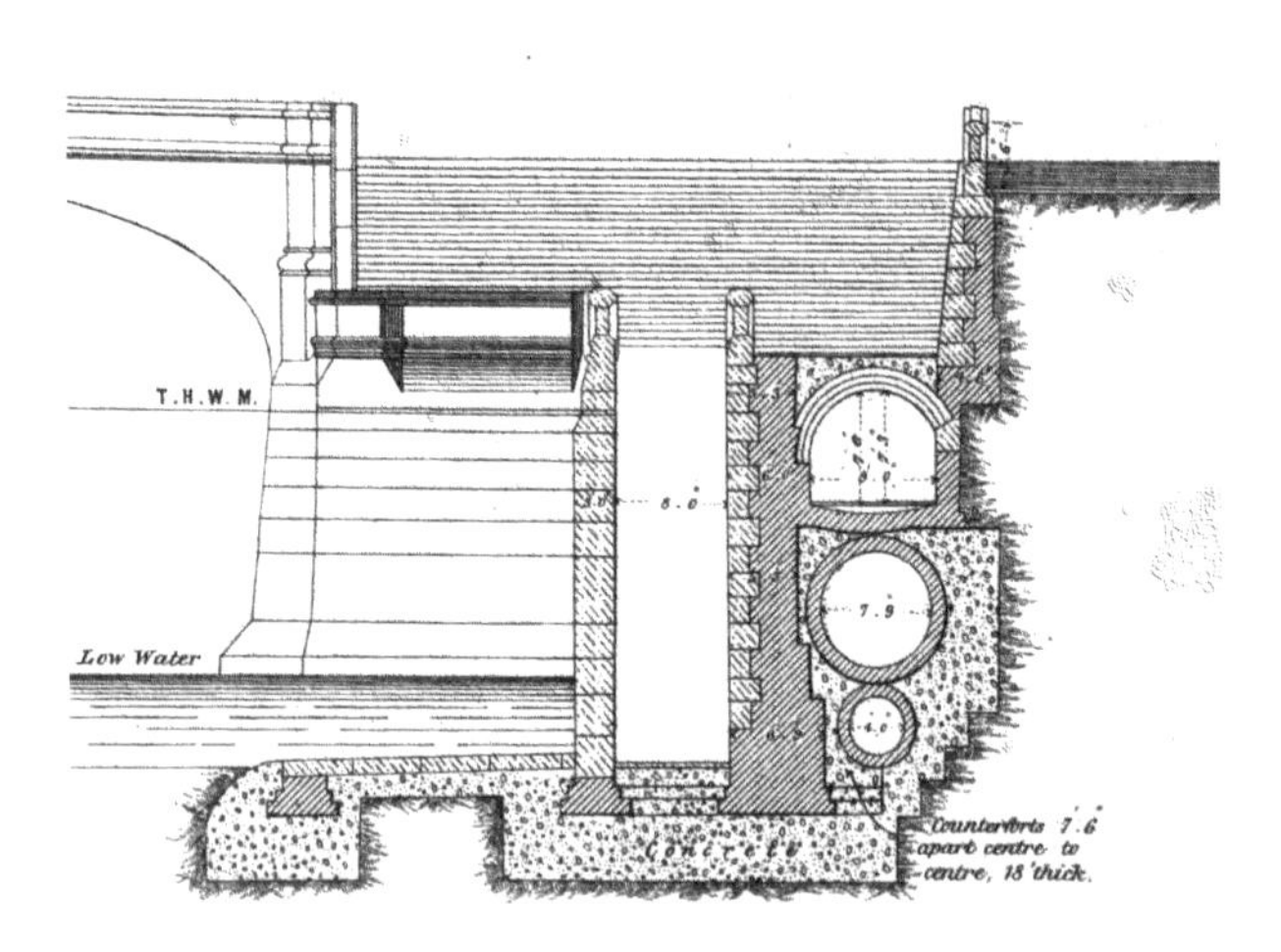

図—3－11　ウェストミンスター橋下の共同溝

出典元：『Record of the Progress of Modern Engineering』, 1865 年, Plate26

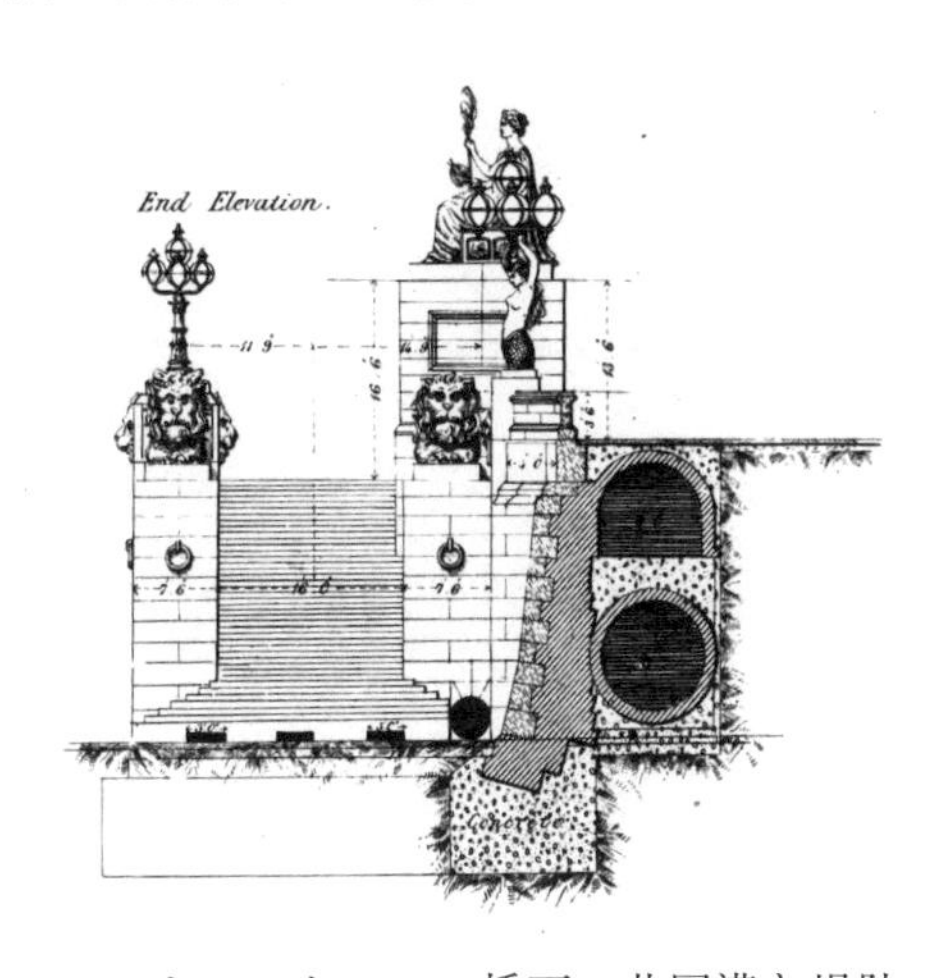

図―3－12　ウォーターループ橋下の共同溝と堤防

出典元：『Record of the Progress of Modern Engineering』, 1865 年, Plate28

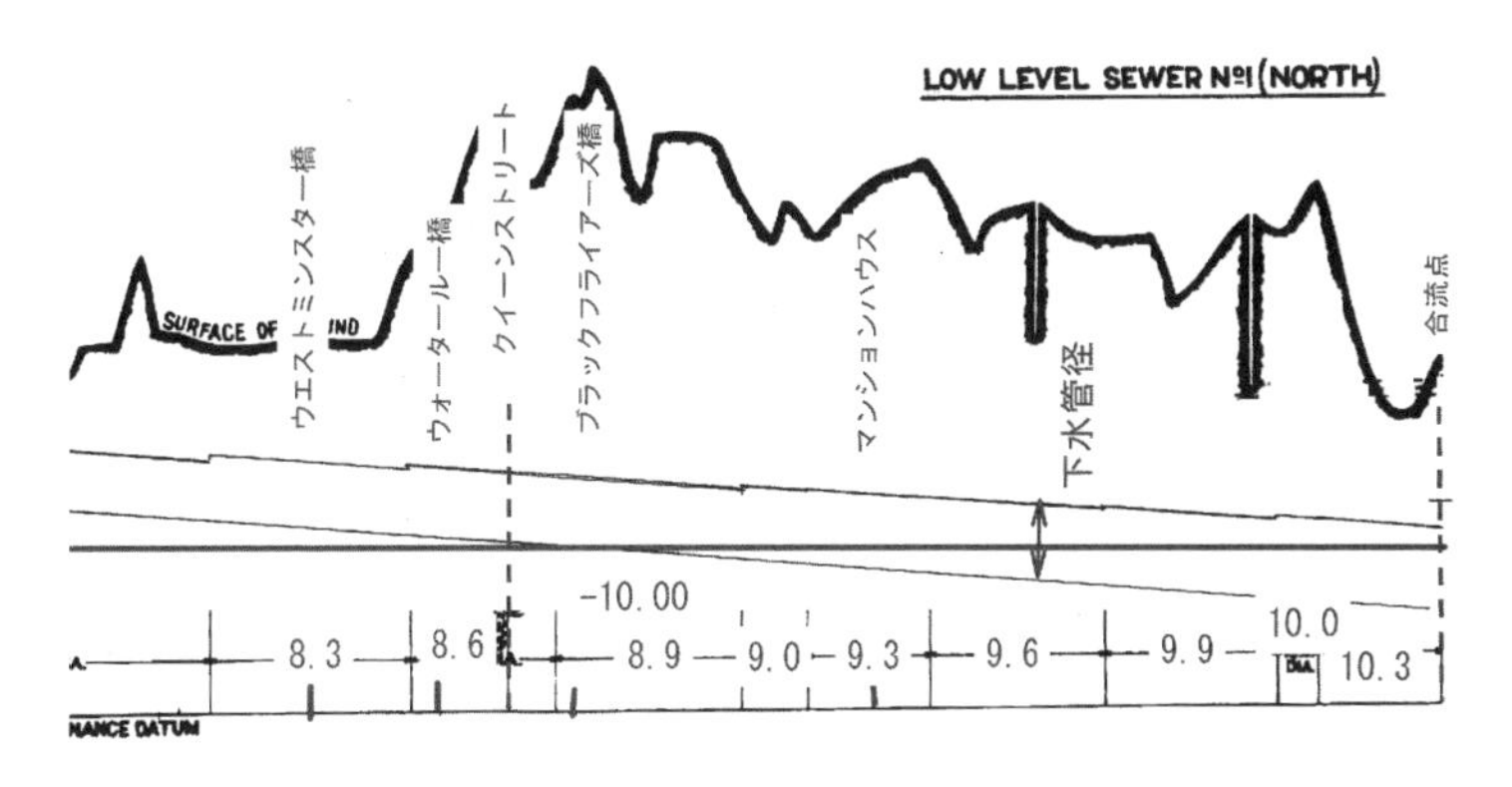

図―3－13　下段下水幹線の縦断図

出典元：『Main Drainage of London』, 1930 年, Diagram No.4 に筆者加筆

ウェストミンスターからイースト・エンドに向かいロンドンの地盤高が大きく変化していることが分かる。亀の甲が2か所あり、急傾斜地が存在している。

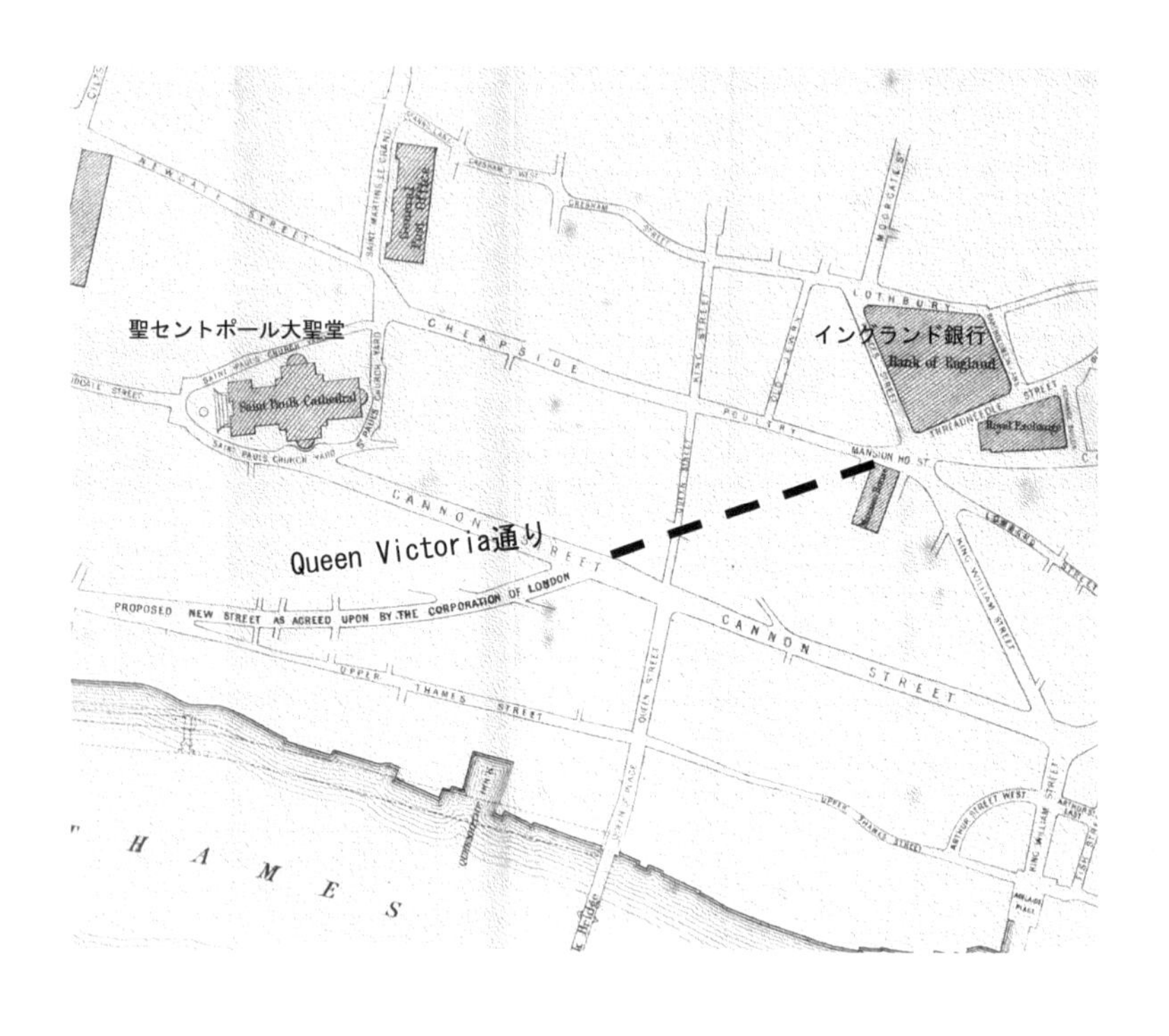

図―3－14　新設のクイーン・ヴィクトリア通り

出典元：「Report from the Select Committee on the River Thames」, 1858年 附図に筆者加筆（黒破線）

クイーン・ヴィクトリア通りは1858年のテームズ川特別委員会に提出された図面に、ロンドン市がキャノン・ストリートまで計画した新設街路として示されている。この新設街路をバンクまで延長することでテームズ・エンバンクメントとつながる連続性を持った路線になり、ウェストミンスターとシティを結ぶ新たな主要街路が誕生する。

表―3－4　ホルボーン陸閘周辺の共同溝設置路線

街　路　名
Holborn Viaduct
Charterhouse street
Shoe lane
St. Andrew street
Snow Hill

出典元：「The Commissioners of Sewers of the City of London」, 1898 年, p.27

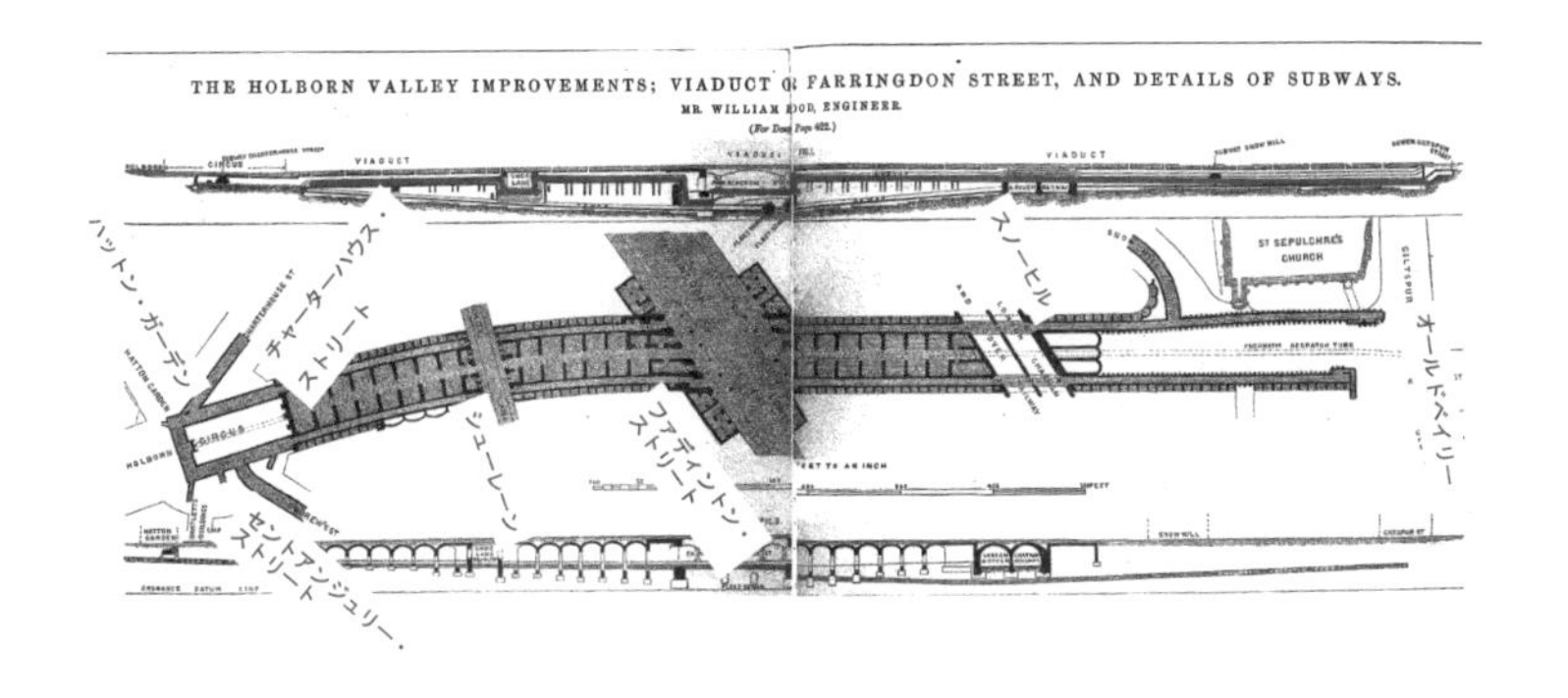

図―3－15　ホルボーン陸閘における共同溝設置路線

出典元：「Engineering」, Dec 20, 1872 年, p.422

ホルボーン陸閘は4章に示す図―4－1の等高線が物語るように急峻な谷間を跨ぐところであり、共同溝はファーリングトン・ストリートと交差する部分において上部から地下に場所を移し、断面変化している。

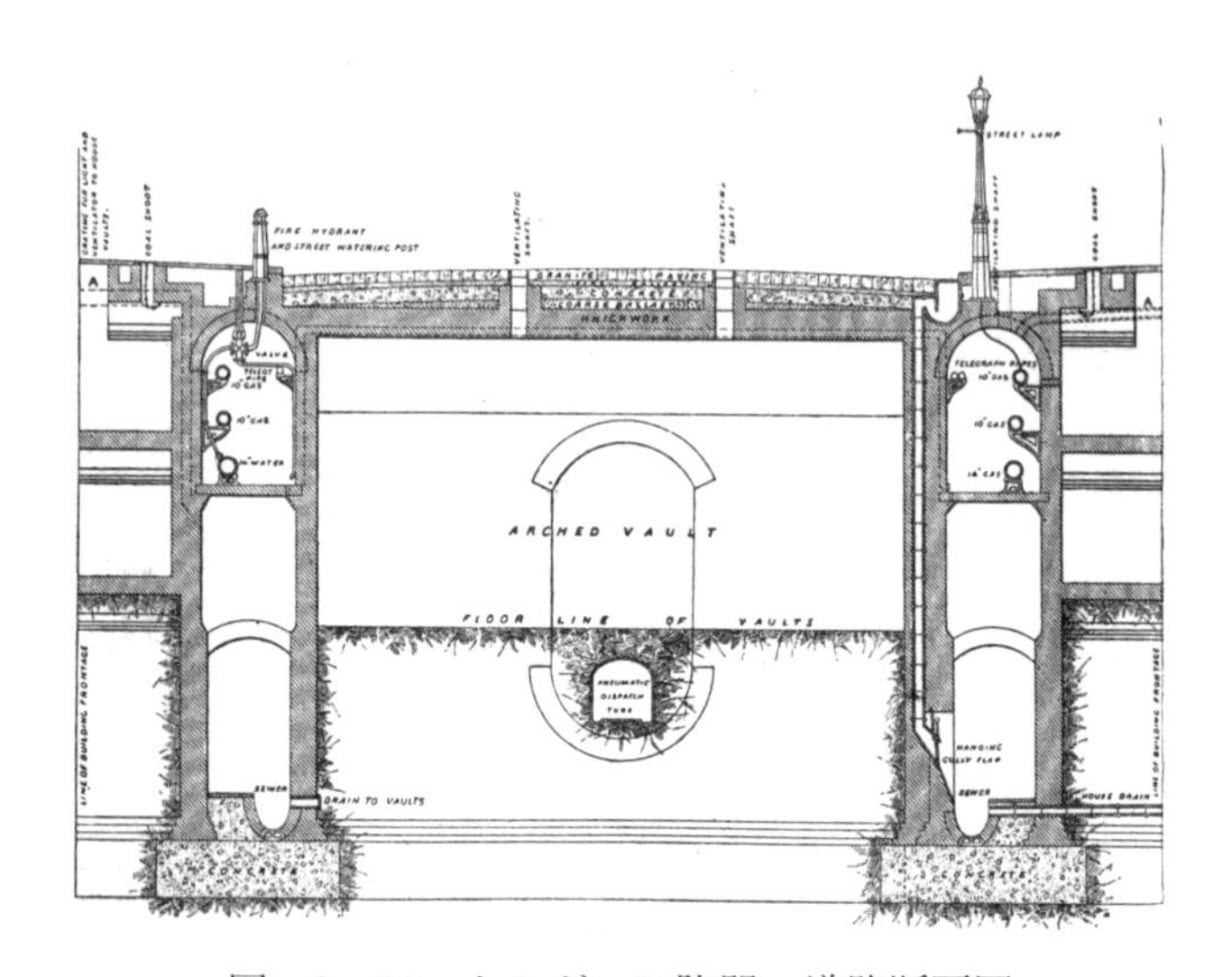

図―3－16　ホルボーン陸闇・道路断面図

出典元：「Science and practice of Coal Gas」, Vol. II, 1874 年, p.403

図―3－15 でみたように共同溝は立体交差部で地下に移行している

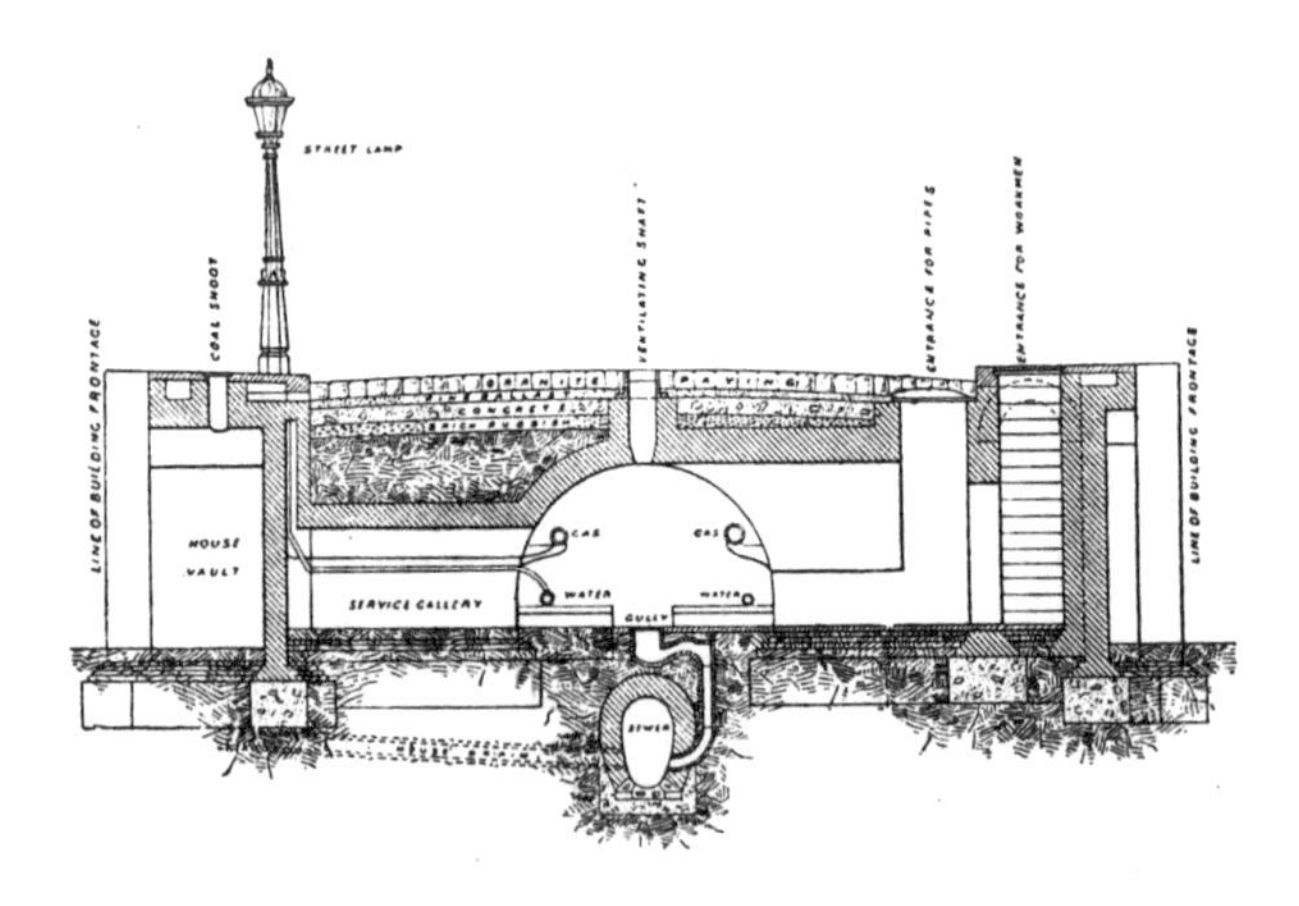

図―3－17　ホルボーン陸闇に接続する道路断面図

出典元：「Science and practice of Coal Gas」, Vol. II, 1874 年, p.406

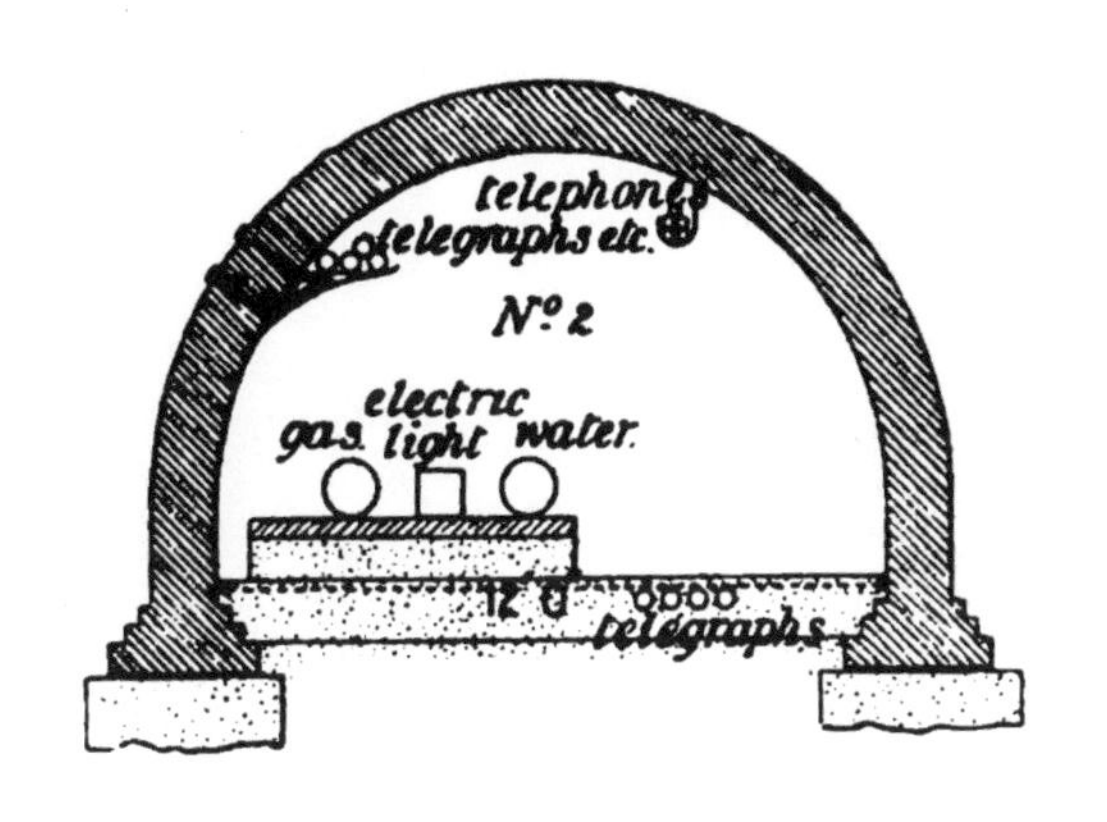

図―3－18　ホルボーン共同溝の一般断面図（広い）

出典元：「The Electrician」, 23 Feb, 1894 年, p.448

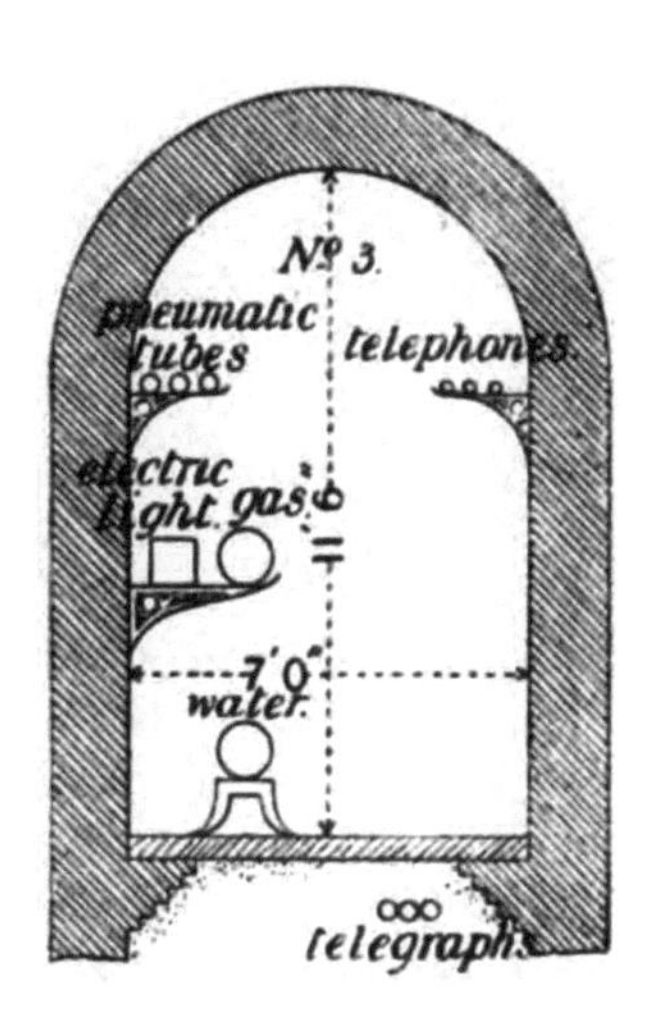

図―3－19　同ホルボーン共同溝　別断面図（狭い）

出典元：「The Electrician」, 23 Feb, 1894 年, p.448

写真—3－2　共同溝内のガス管

写真—3－1 共同溝内の水道管

出典元：「Strand Magazine」, Sep, 1898 年, p.138, p.141

写真—3－4 高さの異なる接続場所

写真—3－3 雨水渠の建設風景

出典元：「Strand Magazine」, Sep, 1898 年, p.139, p.144

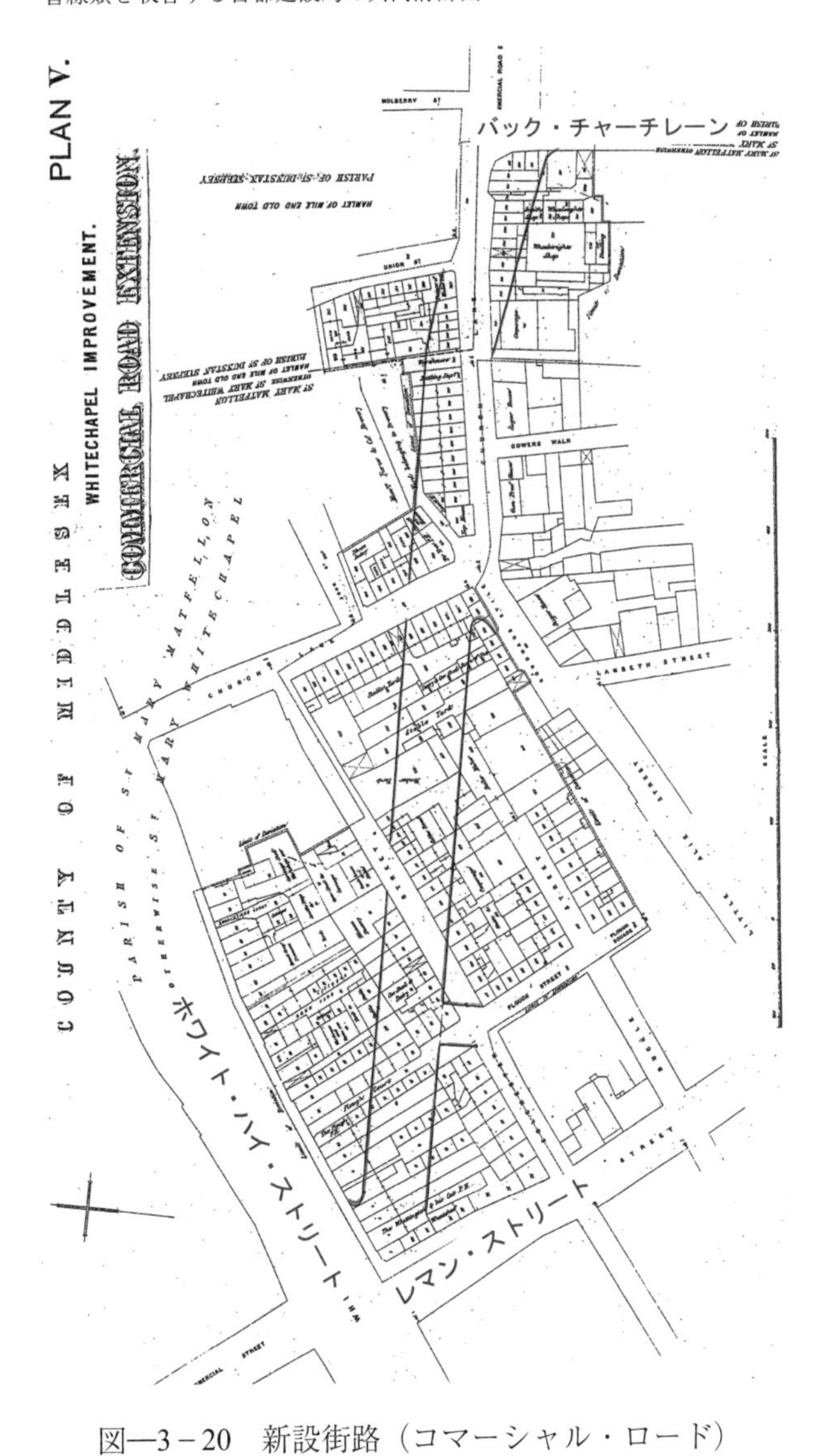

図—3－20　新設街路（コマーシャル・ロード）

出典元：『History of London Street Improvements, 1855-1897』, 1898 年, plan v に筆者加筆

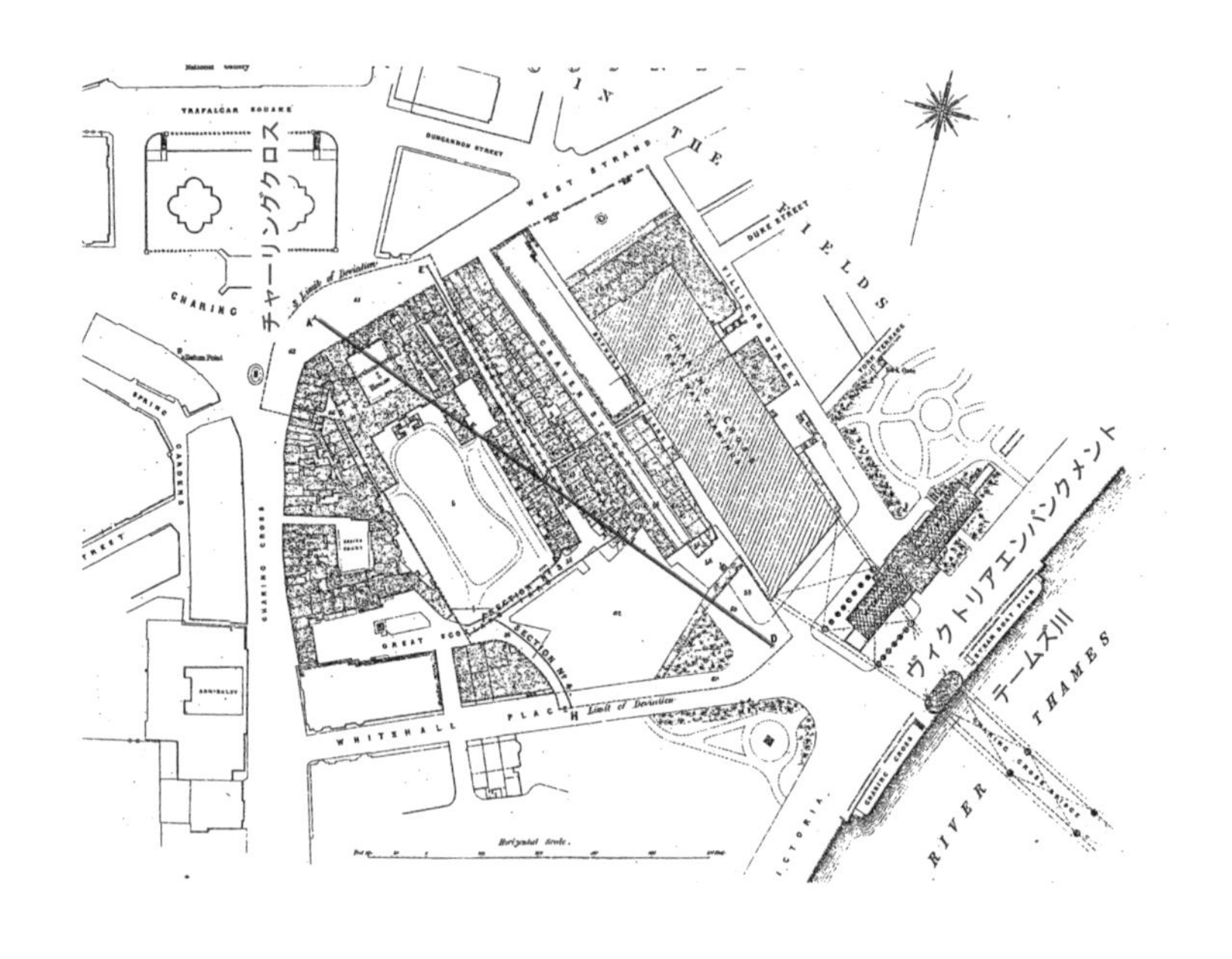

図―3－21　新設街路（ノーサンバーランド・アヴェニュー）

出典元：『History of London Street Improvements, 1855-1897』, 1898 年, plan XVI

当該路線は、ヴィクトリア・エンバンクメント（旧テームズ）とチャーリング・クロスを結ぶ幹線街路がなかったため、大きな私邸を大胆に取り壊すことで補償対象戸数を最小限にした新設街路である。

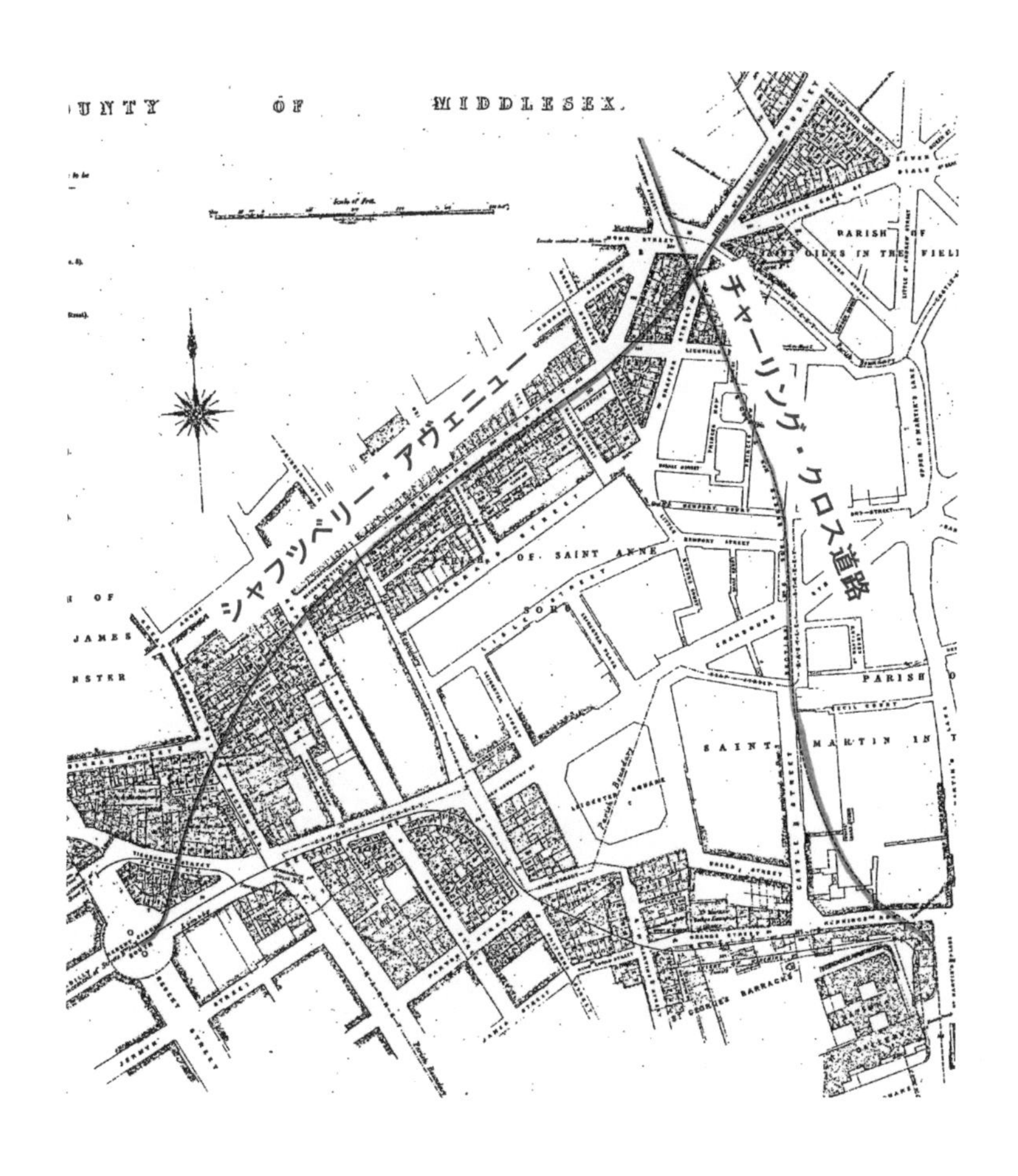

図—3－22　新設街路（シャフツベリー・アヴェニュー）と
新設街路（チャーリング・クロス）

出典元：『History of London Street Improvements, 1855-1897』, 1898年,
plan XVII & VIX

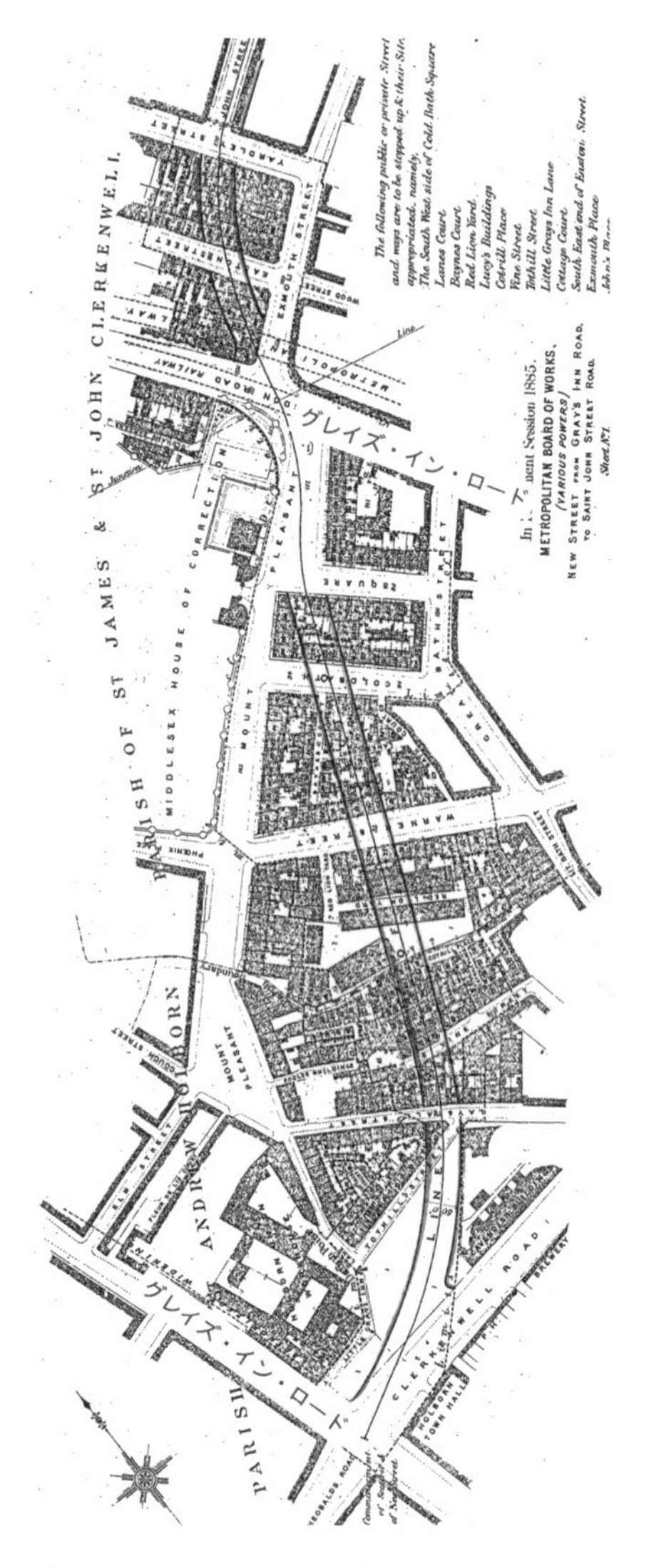

図―3－23　ローズベリー・アヴェニュー

出典元：『History of London Street Improvements, 1855-1897』, 1898 年, plan 1a

第４章　不潔な都市ロンドンと風景を伴ったパーク

中世に始まるゴミと汚物の投棄とテームズ川の汚染

水洗トイレが普及する十九世紀半ばまでのシティでは屋外便所を有する家は少なく、土砂式便器で用を足し内容物を地下室に一時保管するか、庭などに捨てていた。また近郊の農家や業者が回収もしていたが、回収費用を払いたくない貸借人は川に投げ捨てていた。

台所で使用した廃水は法の定めるところにより地下室の汚水溜め（cesspool）に溜めることになっていたが、この汚水溜めは別名（dry well）という名称があるように、多くは液体が地中に浸み込む構造になっていた。これは溜まった内容物を処分するための手間と費用を省くためであった。

確かにこの方法は川を直接、汚さないものの自由地下水を確実に汚染していた。また屋外便所も液体分は汚水溜めに流れ込むようになっていて、固形物だけが屋外に留まるようになっていた。慣習法で汚物の河川への投棄が禁止されていても、人目につかないところでは法に則って行動していなかった。

中世のシティに住む人々は飲用に湧水などを利用していたが、人口が増えるにつれテームズ川や支流の水を使った。それにも関わらず、人々は排泄物の処理先やゴミの集積場などがないため、必要に迫られ川に汚物や腐敗した野菜などを捨てていた。

一二〇九年に架けられた石造りのロンドン橋では橋の上に多くの建物が建ち、公衆便所や居住者用の屋外便所が設けられた。これほど便利で悪臭を絶てる方法は他になかった。テームズ川はシティに住む人々にとって、巨大な水洗トイレであった。

また一二九〇年にはカルメル会修道院がテームズ川の支川であるフリート川に溜まった汚物が耐え難い悪臭を引き起こし、死ぬ者まで出ていると国王・エドワード一世に陳情した。この悪臭の元凶は、フリート川河畔に屋外便所や公衆便所を建てたことや、汚物を捨てたことにあった。

フリート川は運河に利用できるほど川幅の広い河川であったが、十三世紀末期には既に段丘上流域から流された排泄物や汚物がうず高く堆積し、悪臭を放っていた。

またロンドン市長は、テームズ川のドゥゲート河畔に男女とも六十四個の便座を有する公衆便所を造っている。そのいっぽうで一三四五年には、ロンドン市長がドゥゲート港付近の汚染が深刻になったとし、テームズ川の水を飲むことや料理に使わないよう命じている。

シティでは収入が増え肉を買うことができる人々が増えると、今度は屠殺業者が動物の内臓など悪臭を発する廃棄物や角や骨などをテームズ川に捨て始めた。このためエドワード三世は一三七〇年に、テームズ川への投棄に怒り違反者を投獄するとした。

それでも一向に河川の汚染が改善されないため、次のイングランド王のリチャード二世は一三八八年に法（12 Rich.2, c.13）を制定し何人も生ごみや肥やし、あるいは汚物を溝などに投棄してはならないとしたが、効き目はなかった。

市場と共同水汲み場

シティでは河岸段丘の砂礫層（下が不透水層のロンドン粘土層）から泉の湧き出ているところがあって、そこから共同の水汲み場に水路を引いて使っていた。この共同水汲み場のあるところだけでしか生鮮品の販売が許されなかったため、魚屋は魚を洗い肉屋は肉に付いた血を洗い流した。この中心市場は取引や交換を意味する古英語のチープに由来し、ザ・チープと呼ばれウエスト・チープとイースト・チープの二地域に市場が立った。

その後、人口の増加と皮なめし職人などの捨てる廃液などで河川の汚染が進み、飲用に適する水が不足した。そのため十五世紀になると市長や市議会が、シティの東側にあるタイバーン川の水を鉛の導管でニューゲートやラドゲートまで引き込み、さらに西側のフリート・ストリートまで導いて飲用水の確保に努めた。

一五四三年にはロンドン市長自らが国王に願い出て、個人の土地を掘削し水道管を敷設しシティまで送水する権限（35 Hen.8, c.10）を手に入れ、泉水を導いた。既に中世でも市民の飲用水が不足していた。

修道院解散による土地の放出と人口増

国王・ヘンリー八世は離婚を契機にローマ教皇から破門されたため、一五三六年にカトリック修道院を解散させ国外追放にした。その結果、修道院が使っていた広大な土地が国王の手に渡り、国王は借財返済のために市場に土地を放出し、取得者は分割し家屋を建築した。

従前、シティには広大な貴族の屋敷と修道院の用地などがあったため、一般人の住むところは極めて限定されていた。それが一気に開放されたためシティの人口が増え、ただでさえ排泄物やゴミの処分に苦慮していた市当局には大きな課題が突きつけられる事態になった。

中世におけるロンドン市制の基本単位は区（Ward）であり、区は街区（Precinct）を有していた。街区数は区によって異なっていたが、エリザベス期（一五五八～一六〇三年）には二百四十二にも達していた。

またロンドン市には街区とは別に百九の教区（Parish）があり、街区に類似した小区域であったが、次第に街区に代わり任務を果たすようになった。教区は数街区を含んでいたり、教区が街区の一部だったりしていた。

こうした市制のもと、シティの支配層は一五四〇年に市壁の外側四か所にゴミ置き場を設け、汚物が混じったゴミを処分するために各区に役人としての道路清掃係（scavengers）を選出することにした。道路清掃係は汚れ役のため、役人のなかで最も位が低かった。

ロンドン市はまことに複雑なシステムで営まれていたため、街区が担う道路補修と云えども、道路の真ん中や道路の途中で管区や所有者が異なっていた。道路修理の対応ひとつにも、住んでいる街区や教区の意向が色濃く反映されていた。

一五六八年には水車による汲み上げが可能になったことから、人口増による飲用水の不足を補うために、テームズ川の薄められた汚水をくみ上げて飲用に供給することにした。
人口の少ない中世時代にあっても、シティでは汚物の処理や不足する飲用水に悩まされていた。

貧困層の住宅事情と狭隘道路

商業の街・シティは様々な商業活動やそれにともなう倉庫群に多くの土地が使われており、地方から流入してきた貧困層の住み家の確保は難しい状況にあった。そのため多くの貧民は、廃家や崩れかけた家に住んだ。古くて狭く便所もない家に、多くの人々が押し込められた。排泄物の処理先はどこにもなかった。

またテームズ川河畔には急こう配の斜面が連続していたため、多くの家屋が急斜面に張り付いて建っていた。斜面の道路は狭く荷馬車がようやく通れる程度で、大雨が降れば高台のゴミと汚物がテームズ川に向かって流れ下った。道路清掃係はこうした雨を利用し、ゴミと汚物を流した。

こうしたなか、年とともにシティに流入する大陸や地方からの移住者は増加の一途をたどり、ますますロンドン市の周辺地域に住み着いた。またイングランドでは国家予算に不足が生じるとロンドン市が補填するシステムが出来上がっていたため、重税にあえぐ市民のなかには重税を逃れるため郊外に移住する人々も多くいた。

市民の流出が続き、よそ者の居住者が数万人にも及ぶと、一五八一年に市議会は暴動や犯罪などの危険性さらには市民の流出を防止するため、市門から三マイル以内での新築を禁止し、住んでいない家屋の貸家を禁止する布告を出した。

この布告は一五九三年に議会の追認（35 Eliz.1, c.6）を受けた。この建物に課せられたのではなく、敷地の規模に最低限度を設けた制度であったため、金持ちは郊外（ウェスト・エンド）に広大な屋敷を持つことができた。規制の対象は、流入してきたよそ者と一般市民であった。

さらに一五八九年には、簡易宿泊所の建築規制法（32 Eliz.1, c.7）が公布された。こうした規制によって市壁内に閉じ込められたよそ者は、悪徳な建築業者によって安普請の家に住む結果となった。有力な市民が郊外に出て行った結果、ロンドン市の財政は極端に疲弊していった。

一六〇二年にはもっと厳しい布告が発せられ、違反して建てられた建物は取り壊せることになったが、それでも郊外に居住する人々は増え続けた。

稠密でゴミゴミした空間に暮らすシティの人々に対し、議会は一六六二年に道路の汚れや傷み、さらには古くからの地下河川の機能回復を盛り込んだ新たな法（14 Cha.2, c.2）を公布した。また貸し馬車の許可制や道路清掃なども盛り込んだ。

道路は大型馬車によって傷み、糞やゴミさらには荷車や突き出た看板などによって、重要な通りでも本来有すべき機能が失われつつあった。

こうしたことからロンドン市は委員会に権限を与えるとともに、馬車を許可制にして課税し、道路清掃人夫と塵芥回収人夫を雇ったうえに、建物所有者に明りの点燈を命じた。

これまでは区の役人が無報酬の道路清掃係や塵芥回収係ならびに点燈点検係を受け持っていた

が、今度は作業人夫が報酬を得て作業をおこなうことになった。

シティでは通りにゴミを捨てる違反者への課税を決めた。さらに通りに面した土地所有者に週一回の清掃を負わせた。さらに道路清掃人たちに払う賃金のための税金を課した。

確かに近郊の農家が固形汚物を下肥（night soil）として買い取ることはあったし、汲み取り人に依頼し、汚水溜めの内容物を処分してもらうこともあった。

しかしながら基本的に借家人が貸主に依頼し、貸主が汲み取り人に伝える制度であったため、支払うお金のない人や、し尿処分費を払いたくない人は、こうした手続きを経ることなく溜まった汚物を道路や川に捨てた。

また道路清掃人夫のなかには不心得者がいて、掃いた汚れカス（動物や人の汚物やゴミ）を雨水渠に捨てた。それが悪臭を放ち、雨水渠はさながら下水渠のようになった。雨水渠は底が平らだったため、汚物が溜まると流れにくいという欠点を有していた。さらに下流側のワード（区）が設けた雨水渠の方が断面的に小さかったり、上流より高い場所に設置されていたりして、思うような雨水排除がなされなかった。

また当時の道路は中央部が最も低くなった横断構造をしており、馬車の通る頻度が増えるにつれ道路まん中の集水溝はますます馬糞や汚物の溜まり場になり、様々なニューサンスに溢れた空間になった。道路のまん中を低くしたのは荷車の車輪が溝に挟まるのを避けると共に、雨水を集めるのが容易であったことにあった。

地下雨水渠の築造によるテームズ川の汚染深化

水洗トイレの特許は一七七五年に、ロンドンに住むアレキサンダー・カミングが取っている。その後、臭気防止用のトラップが発明されたことで建物内に水洗便所を設ける上流階級が増えた。水洗用には一ガロンもの水量（約四リットル）を必要とするため、廃水用の汚水溜めに接続しても忽ち満杯になってしまった。そのため、雨水渠にドレーン管をつなぐ輩が多く出現した。これは違法なことであったが、地下室を汚せないため勝手に接続させた。

こうした行為は十九世紀に入ってますます増えた。当然ながら古くから続いていたテームズ川の水洗トイレ化が一挙に進み、川の汚染がさらにひどくなった。

ロンドン市では一六七〇年に排水・舗装委員会[注一]が設立され、一六七一年にはゴミ置き場が設けられ、公衆衛生のためのシステムが作られた。特に雨水渠はその後も継続的に敷設された。とりわけ一八二七年以降は大規模に地下雨水渠が設けられた。

このように地下雨水渠の総延長がのびたことで、こっそりと汚水溜めと雨水渠をつなぐ家庭が増えた。ロンドン市では衛生上の観点（汚物やゴミの不法投棄防止）から地下雨水渠を敷設したが、却って水洗トイレの汚物を呼び込み、雨水渠を事実上の下水渠にしてしまった。しかしながら汚物の行く先はテームズ川と、その支流しかなかった。

一八三八年の議会・特別委員会には、テームズ川沿いに雨水渠（事実上の下水道）を築造するプランが提出された。これは一八三四年に画家のジョン・マーチンが、テームズ川の汚染対策として提案したものであった。このプランは放水路をテームズ川の下流域まで敷設し、潮位の低いところで放流しようとするものであった。これは汚物を単にバイパスによって下流域まで運び下流域に放流するだけに過ぎず、テームズ川の下流域に暮らす人びとにとっては迷惑この上ないプランであった。

いっぽうロンドン市は一八四〇年に、議会にテームズ川の浚渫と堤防設置を願い出ている。議会の下院は特別委員会を設置し、三月から七月までの三回に亘り、ロンドン市の要望を聞き取った。

従来、テームズ川上流側（ヴォクソール～ロンドン橋間の約三千三百七十メートル）における波止場の荷揚げは、堰の水位に合わせていた。これは古いロンドン橋の橋台（十七基）が堰の役目を果たしていたため、ロンドン橋を境に上流部と下流部で水位差があったのである。

ところが一八三一年に新しいロンドン橋ができあがり、翌年にかけ既存の土台が撤去されると水位が下がり、上流部では従前の波止場に船を着けられなくなった。このためロンドン市はテームズ川の浚渫と、航路を確保するための浅瀬の埋め立てと、三キロメートルにもおよぶ両岸堤防の設置を願い出たのである。

特にウォータールー橋の付近からテームズ川に注ぐ雨水渠からは、汚物がテームズ川に流れだし浅瀬を埋めた。上流域における多くの雨水渠の設置位置は堰の高さに合わせていた。水位が下がり、その結果、長年にわたり地下水路に堆積していた汚物がテームズ川に流れ出した。この様子はパンチ誌にも数多く掲載された。

一八三八年に救貧法委員会の書記官であったエドウィン・チャドウィックは労働者の衛生状況

について調査を依頼され、一八四二年に調査結果をまとめた『労働人口集団の衛生状態に関する報告書』を議会両院に提出した。チャドウィックはこの報告書において、「都市の生活環境（廃棄されないゴミや排泄物）が住民の健康を支配し、それは排水施設の不備に起因している」と述べた。この報告書は国民におおきな衝撃を与えた。

コレラとゴミ（臭い肥料）の山とニューサンス

伝染病のコレラは一八三一年に初めて大英帝国に現れ、四十八年から四十九年にかけて猛威を振るった。発生した個所は主にイースト・エンドと、南岸地域の低湿地帯であった。さらに一八五三年にも多くの死者を出した。コレラの蔓延は排水路の汚物と飲み水に関係していたが、当時ではコレラ蔓延の原因が分かっていなかった。

コレラは汚物の発する瘴気によるものと考えられていた当時に、排水施設の不備に起因するというチャドウィックの報告は、中央政府をすみやかな汚物処理へと駆り立てた。

議会は二年後の一八四四年に、各建物から出る廃水の地下雨水渠への接続と、汚水溜めと屋外便所に関する規定が盛り込まれた首都圏建築物法（7 & 8 Vict, c.lxxxiv）を制定した。

この法では第五条と五十一条で、建物の廃水を雨水渠につなぐスケジュールが立てられた。水洗トイレの排泄物も公然と雨水渠に流せることになった。ロンドン市を除く首都圏では、雨水渠の汚水渠化が認められることになった。

慣習法で禁止されていた道路への汚物の投棄が一六九〇年に法として認められたように、慣習法で禁止されていた家庭の廃水を地下雨水渠に接続することも認められた。

いっぽうロンドン市は、こうした事態に至っても中央政府の干渉を拒み汚水渠を認めなかった。その結果、ロンドン市を除く首都圏では、解き放たれた汚水が河川をもっと汚染することになった。ロンドン市は対象外であったものの、段丘の上流域の水路（ウォルブルック川など）はロンドン市の地下水路を通じテームズ川に注いでいたため、テームズ川の汚染が加速された。

もともとシティは亀の甲のように丘状になったところが二か所あり、その谷間を地下水路が流れていたから、段丘の下流域にあるシティでは地下水路が汚物で溢れた（図−4−1）。

さらに議会は一八四八年八月に、公衆衛生法（11 & 12 Vict, c.63）を制定した。この法では中世の時代から違法とされてきた河川への汚物投棄も認められた。ただし、この法律は緊急避難的な措置であり五年間という期限付きの法であった。

その後、一八五四年に公衆衛生法が再び議会で改定された（17 & 18 Vict, c.95）。この法は、ロンドン市が一六七〇年に制定した衛生法に近い内容（ゴミ置き場の設置や道路清掃など）で構成されていた。

チャドウィックは報告書に、「テームズ川の干潮時に首都圏全体の排水路から放流される水に含まれる汚物の量は、最悪でも五千分の一程度にしかならない」と記した。これは実態と余りにかけ離れていた。議会もテームズ川の水量の多さから、汚物を投棄しても希釈され問題ないとした。

テームズ川が日本の急流河川のようであれば汚物やゴミが海に流れ下ったと思われるが、潮汐限界点にあったロンドンでは川の水が干満に合わせ行き来していたので、報告書のようにはならなかった。テームズ川の汚染が極まっても、いっこうに顧みられることはなかった。

いっぽうチャドウィックが指摘した労働者たちが住むイースト・エンドには、工場法が適用されない小規模の作業場が数多くあった。こうした作業場では、簡単な機械で仕事ができた。そのため未熟練労働者でも、仕事に与れる機会が多くあった。ここに東欧諸国や飢饉を逃れたアイルランドからの移民が住み着いた。移民の多くは手に職を持っていなかったから、こうした作業所での単純労働に就くしか術がなかった。

こうした劣悪な環境下にある人々の日常生活を、パンチ誌の風刺画は的確に描いた。タイトルは「キング・コレラの王宮」というおぞましいものであるが、子供たちは死んだネズミを持って遊び、建物には「旅行者向け下宿屋」という看板が掲げられていた。また婦人が堆積したゴミの山から何かを拾い集め、道路清掃人夫の少年もいた（挿絵―4―1）。

チャドウィックは風刺画にある廃棄されないゴミの山について、堆積したゴミの肥料価値が荷車による除去費用の半分にもならないとした。しかしながら公道でない場所において汚物入りのゴミを肥料と主張する所有者がいる以上、勝手に撤去することはできなかった。

公道に積まれているゴミであれば撤去も可能であったが、個人所有地に積まれたゴミ（肥料）は、たとえ発せられる臭いがニューサンスになっても、裁判所の判決がない限り、勝手に撤去することは誰にもできなかった。そうかと言って、ニューサンスを声高に叫び裁判に訴えることは多額の費用を必要とするため、貧しい庶民のなかから裁判に訴える者が出ることはなかった。

それは工場の煙突から出る煤煙や廃液も同様であった。多くの工場から出される煤煙のなかから特定の煙突だけをニューサンスの原因とし、特定する物証を示せない限り、ニューサンスと分かっていても裁判での勝ち目はなかった。

あくどい事業主や個人は弁護士を雇い、たとえ裁判に訴えられても負けない対策を講じていた。慣習法による訴えは認められていたが、特定の煙突だけを原因とするニューサンス訴訟は難しかった。

また道路清掃人夫は作業するのを嫌い、しばしば雨が降るのを待った。雨が降れば坂の上の汚物は流れ去ってしまうし、勝手に排水溝に流れ込んでくれた。

地下雨水渠に溜まった汚物から臭う腐敗臭、通りに捨てられたゴミや汚物、さらには馬車の車輪と舗装石が当たる音、加えて暖炉や工場の煙突から出される石炭のススなど様々なニューサンスに溢れ、時にコレラが襲った十九世紀半ばのロンドンという巨大都市がそこに在った。

首都圏における排水・舗装委員会の統合と独自路線を貫くロンドン市

首都圏の排水・舗装委員会は汚物の管理まで任されていなかったが、チャドウィックと支持者たちは排水・舗装委員会の無策ぶりが排水施設の不備を引き起こしたと糾弾した。

そのため議会は、一八四八年に首都圏のロンドン周辺にある七つの地区における排水・舗装委員会を統合することにした。そして統合法（11 & 12 Vict, c.112）を制定した。

この法において、ドレーン（建物からの廃水を流す管路）のない建物の建築を認めないことや（第四十六条）、屋外便所や土砂式便器の使用を終わらせ水洗トイレのない建物の建設も認めないこと（第四十八条）が定められた。この統合法は二年間の時限立法であったため、一八五一年に再び改定された（17&18 Vict, c.95）。

こうした流れに対しロンドン市は、中央政府の介入を阻止するため同じ四八年に独自の衛生法案を議会に提出し、承認された（11 & 12 Vict, c.clxiii）。

それまでは個人所有地のドレーン管に手を出せなかったが、公共雨水渠につながっている管はコミッショナーが修理できるとした（第五十七条）。また首都圏の統合法では認められた汚物の雨水渠への投棄を認めなかった（第六十九条）。

そのうえで健康を維持するために、検疫官を任命する制度を新たに創設した（第八十条）。この検疫官には外科医のジョン・サイモンが抜擢された。彼はロンドン市の要請に応える働きをした。この法も時限立法であったため、一八五一年に継続する法（14&15 Vict, c.xci）が議会で承認された。

テームズ川の水質が飲用に適さないことは一八四四年に議会へ報告されていたが、コレラの原因が分かっていない当時では、この報告に重きを置かなかった。

一八五二年になって、ようやく首都水道法（15&16 Vict, c.84）が議会で制定された。この法では、一八五五年の八月三十一日以降は取水源をテディントン水門より上流に移すことが決まった（第一条）。さらに取水した水はフィルターで濾すことが決められた（第四条）。今までは汚水が垂れ流されていた排水管の下流側に、飲用水の取水口が設けられていた。想像を絶するようなことがロンドンにおいておこなわれていた。

上流のテディントンは北海の干満の影響が及ぶ潮汐限界点より上流部にあり、汚水の影響はなくなった。こうして人口が急増した首都圏における十九世紀半ばのコレラ禍は、合流式下水道事業を中心にした改良事業を推し進める原動力になった。

首都運営法の成立と幹線下水道を主とする都市改造

上下水道の不備による首都圏の衛生状況が危機的になったことで、シティとその特権区域、それを取り巻く首都圏の各自治体との間における衛生上の統制が取れていないことを浮き彫りにした。

こうした危機的状況を打破するために、中央政府は法律条項を盾に干渉と介入を強く拒んだロンドン市に対し、介入を繰り返した。そのため首都建設局の計画と政府の折り合いがつかず、いたずらに時間だけが浪費された。

こうした事態を好転させたのは、巨大な汚水溜め化したテームズ川の発する悪臭が議会にまで及び、議会が首都建設局の計画を受け入れざるを得なくなったことにある。

一八四〇年にロンドン市が議会に要請した、テームズ川の浚渫と堤防設置はいまだ行われておらず、垂れ流される汚物がうず高くテームズ川に溜まっていた。

一八五八年に議会は介入をあきらめて首都建設局のプランニングを認め、首都運営法の修正法（21 & 22 Vict, c.civ）を承認した。

この法では、

・首都建設局がおこなう下水道事業を速やかに実行できるようにする（第一条）
・首都建設局が使える工事費の限度額を五万ポンドから三百万ポンドまで引き上げる（第四条）
・議会の承認を得ることを免除する（第二十五条）

ことが定められた。

こうして首都建設局は、合流式下水道事業を主としたロンドンの都市改良事業を実施することになった。介入を前提にしていた下水道事業計画は、曲がりなりにも政府の干渉を排除できた。技術部署ではジョセフ・バザルゲットを中心に、合流式下水幹線（公衆衛生法で承認された下水渠）の計画が作成された。

従前、バザルゲットは首都排水委員会の技術職として在籍し、下水幹線網のプランニングを担当していた。北部幹線と南部幹線は、フランク・フォスターが作成したプランを元にしたバザルゲットの幹線網計画である。

特にテームズ川の北側では段丘の高低差があるため、高段・中段・低段の三ルートで汚水を送る予定であった。中段下水幹線は五十フィート前後の高さに敷設され、下段下水幹線は低地排水管のため、ストランドからフリート・ストリートを通る予定であった。その後、下段下水道幹線はテームズ川堤防を浅瀬に造ることになったことで、ルート変更がなされた。

またテームズ川の南側では高段・低段の二ルートで送る予定であった。バザルゲットの計画はあくまでロンドンの汚水を管路で下流域に放流するものであり、テームズ川の下流域の都市に影響が及ぶものであった。最終的に下水処理場が造られる運びになるものの、当初の計画はその場しのぎのものに過ぎなかった。

大量の馬糞による道路上の汚泥と悪臭

ロンドン市における移動手段は、主として馬を牽引力にする乗り物（乗合馬車、辻馬車、石炭運搬車など）であった。移動用に使われた馬は、処かまわず糞をした。さらにこの糞を食べさせるための豚や羊が道路上にいた。加えてスミスフィールド・マーケット（家畜市場）に運ばれる家畜（牛や羊）が、移動する際に糞や尿を道路上にした。

こうしたことからロンドン市の道路には糞が混じった汚泥が厚く存在した。シティの医療担当者であったレゼビー博士は、一八六七年に十二か月にわたる道路上の汚泥を調査している。その調査報告によると、石舗装と木舗装（木の皮を敷いた舗装）による違いは多少あるものの、石舗装では汚泥の五十七％が馬糞で、三十％が車輪で削り取られた石、残りの十三％が車輪や蹄鉄から削られた鉄粉であった。そこに家庭から排出される暖炉のススや工場の煙が積もり、馬糞はタール状になって路面を覆った。

この後もロンドン市とウェストミンスターを行き来する交通量がますます多くなり、一八七五年にロンドンで馬が食べた干し草の量は、少なくても千トンに達している。その大半が糞になって道路上に落とされ、道路は糞で溢れた。

一八九一年に実施されたセンサスではシティに九二、三七二台の乗り物があり、ロンドンには乗り物を引くために三十万頭を超える馬がいた。一八七五年よりはるかに多い馬がいた一八九〇年代では、道路上の汚泥量は想像を超えるものになった。

その結果、新設されたアスファルト道路（従来の石舗装に代わる）のように表面が滑らかだと、ススなどでぬかるんだ汚泥に足を取られる馬が数多く出現した。牽引用の馬の寿命は四～五年と短かったが、転んだ馬はただちに廃棄された。

悪いことに雨が降ると悪臭のする汚泥は道路側溝から下水路に入り、テームズ川に放出された。テームズ川は人間の排出する汚物のみならず、馬糞やススでも汚された。

ロンドンは世界のなかでも最も産業革命の恩恵を受けた都市であったが、人々の汚物や家畜の糞尿による汚染に鈍感な都市であった。これらの汚泥が除去されるのは、ガソリン自動車の普及によって馬が不要になるまで多くの時間を要した。

馬の食糧としての干し草の値段は高く、維持費は高額であった。そこに大量輸送が可能でスピードも速く、故障も少なく運搬距離も長い内燃機関の移動用手段が登場した。

自動車は汚泥を出さず、馬にくらべ輸送量も大きかった（馬バスは二十六人乗り、モーターバスは三十四人乗り）。しかも馬は重労働のため、一日当たり三時間しか働けなかった（馬の運行距離は八十マイル、モーターバスは百十三マイル）。

暖房用と工場の石炭による煤煙

イングランドではノルマン人に征服された後の一〇八八年に、ノルマン人によって煙突なしの暖炉が造られ、排気は壁に穴を開けておこなわれた。その後、煙突が利用されるようになったもののイングランドでは、エリザベス一世の時代になっても暖炉に使用する原料は木炭であり、石炭は主に石灰製造や鍛冶屋で利用されていた。

この石炭による煙害についてエリザベス女王は、一五七八年にウェストミンスター宮殿周辺において石炭を使用しないよう求め、法の制定を求めた。ウェストミンスターでもススの害は発生していた。ススは石炭の不完全燃焼によって発生するものであり、当時の技術では石炭を完全燃焼させることができなかった。

石炭がイングランドにおいて一般家庭の暖炉に用いられるようになるのは、一七一六年にジョン・テオフィラス・デサグリエが換気の効率的な暖炉を発明したことによる。

もともとイングランドは森に覆われたところであり、寒い冬の暖房用に森林が伐採されていた。そのため次第に木炭が枯渇し外国から暖房用の木材を輸入することにしたが、うまくいかなかった。そのため石炭を利用することになったが、地下坑道は大量の地下水に行く手を遮られ、採炭がうまくできなかった。

こうしたなかにあって、一七五〇年から七五年の間にワットの蒸気機関と石炭のコークス化による溶鉱技術が開発され地下水をポンプで排水することが可能になり、国内の地下に眠る無尽蔵の石炭を活用できることになった。

こうして暖炉用の石炭が大量に供給されることになり、人口の急増を受けたロンドン市では、家庭の煙突から煤煙が大量に撒き散らかされた。

石炭はテームズ川の南岸にあるサザークなどにある石鹸工場やガラス工場さらに醸造所や製皮所などでも大量に消費された。この結果、一八四〇年には国会議事堂でもススの侵入防止対策として縦四十フィート（12.2 m）、横十二フィート（3.66 m）の蚊帳が布設され、蚊帳に一日あたり二十万個もの炭素粒子が付着した。首都圏では、それほど煙害がひどかった。

一八三三年にパブリック・ウォーキング委員会が出した報告書では、新鮮な空気が失われると不健康になることや日照不足が健康被害を招くとされ、オープンスペースの必要性が強く指摘されていた。ヴィクトリア・パークは必然の産物であった。

一八五三年のパンチ誌には、ロンドンの煤煙製造者（工場、醸造所、蒸気船、タバコを吸う若者、煙突掃除夫など）が集合し、煤煙法の制定について議論する様子が描かれている。

一八六七年一月号のイラストレイテッド・ロンドン・ニュースには、「ロンドンの通りにおける霧（スモッグ）」と題する挿絵がある。当時ではガス燈（十四～十六燭燈）程度の街燈が数十メートル間隔で灯されていたが、松明を灯した道先案内人の子供に先導されていても、あまりのスモッグの濃さから人々や大型馬車がぶっつかりそうになる危険極まりない様子が描かれている。

さらに一八九〇年のパンチ誌には、腐ったゴミや下水管さらには煙突のにおいなどが混じった臭さを風刺した挿絵が掲載されている。

中世のころからロンドン市は法規制と異なり糞尿に溢れ臭い街であったが、十九世紀中ごろのロンドン市は馬糞や汚泥さらには大気汚染（スス）といったもので覆いつくされ、臭さに慣れた人々の肺まで侵していた。一九世紀の末にはその臭さが一層際立った。世界に冠たる国家の首都における生活環境は劣悪そのものであった。

口絵に示した「やぐら」に添架された架空ケーブルの写真には、背景の風景がはっきり写っていない。ＢＴから入手した解像度の良い写真でも風景がはっきり写っていない。これはあまりにスモッグが酷いためである。筆者がＢＴの「やぐら」を写した写真を確認したところ、一八七九年から一九〇〇年代までのものは広くスモッグに覆われていた。一九〇八年におけるクイーン・ヴィクトリア通りの電話線埋設工事でも、背景はスモッグで霞んでいる有様であった。景観と縁遠い都市風景が見受けられる。

スクエアにおける風景式緑地

中世以降のイングランドでは、景観（landscape）や景色（scenery）という表現は、主としてウェスト・エンドにおける富裕層のためのスクエア開発に付随して築造された、「風景を伴った庭園」を意味していた。またパークも王侯貴族の「大邸宅に付随した私園」を意味していた。

また我々が日常使う「公園」という意味のパークも門井昭夫によると、「狩猟用の獣を狩っておくために王により所有された囲い地という私的な場所」だったとされる。

この狩猟園の意味が拡大されて、貴族や富裕層の大邸宅を取り囲んだ装飾的な大庭園を指すようになった。どちらも私有のものであって、一般大衆の立ち入りができない場所であった。

ロンドン市の西側に位置するウェスト・エンドのコヴェント・ガーデンは、一五五二年にエドワード六世が第一代ベッドフォード伯爵に授けた土地であった。主に草地であったため、大して重きを置かれなかったが、第四代ベッドフォード伯爵の時代になると個人財政を立て直すために、コヴェント・ガーデンの開発が計画された。

ベッドフォード伯爵は一六二五年に即位したチャールズ一世に二千ポンドを払い、開発許可を得た。事業は一六三三〜一六三八年のあいだでおこなわれ、イタリア式の空地（スクエア）を有する住宅街が誕生した。これがウェスト・エンドにおける最初の開発になった。スクエアは多くの樹木が植えられた緑豊かな風景を伴ったものであった。

その後、亡命中に大陸趣味を吸収していたチャールズ国王が一六六〇年にフランスから帰還して王位に就くと、国王はセント・ジェームズ宮殿周辺（ウェストミンスター）の領地を美化することに熱意を注ぎ、開発する権利を一部の者に与えた。

こうして宮殿周辺のセント・ジェームズ・スクエアの開発は、一六六三年に国王からセント・アルバンス伯爵に許可された。

またブルームズベリーは一五五〇年にサザンプトン伯爵家に授けられた土地で、テームズ川から離れていたことから、国王が帰還した年に広場の開発を始めた。

こうして、いくつかの開発が進んだところにロンドン大火が発生し、家を失った有産者と貴族たちがシティからウェスト・エンドへ住居を移した。

こうした富裕層向けの高級住宅は賃貸を基本にしており、提供にあたっては不動産価値を高めるための工夫がなされていた。それがランドスケープ・デザイナーによる、庭園の枠を超えたオープンスペースや新鮮な空気さらには風景を取り込んだ散策路などを備えた緑地の提供であり、富裕層を取り込むための大事な仕掛けであった。こうした場所には一般市民は立ち入ることができなかった。

富裕層にとっては邸宅から緑地やため池が一望でき、新鮮な空気に溢れ馬車等で散策ができるところが好まれた。

十九世紀初頭に出版された『ランドスケープ・ガーデニング』には、大邸宅における緑地の構成と庭園の散策路や、見え隠れする邸宅と緑の在り方などがマニュアル化されていた。

こうした富裕層が居るいっぽうで、低所得者は狭くゴミゴミした住宅環境のなかで暮らしていたため、新鮮な空気や緑に溢れたスクエアやパークの開放が十九世紀中ごろから求められるようになった。

ヴィクトリア・パークは劣悪な生活環境のイースト・エンドに設置された、初めての請願による憩いの場であった。

臭さに鈍感なロンドン人ではあったが環境の悪化は人びとの肺を侵し始め、人々は新鮮な空気に溢れた緑豊かな憩いの場を求めた。私有地のパークやスクエアは、公衆のための場所へと変貌を迫られた。我々が想像していた「霧のロンドン」の実像は、「スモッグに覆われた臭い街」であった。口絵のスモッグに覆われた写真は、如実にその実態を示している。

こうした状況のなかにあって、ロンドン市民が景観上から架空線の撤去を求めることはなかった。

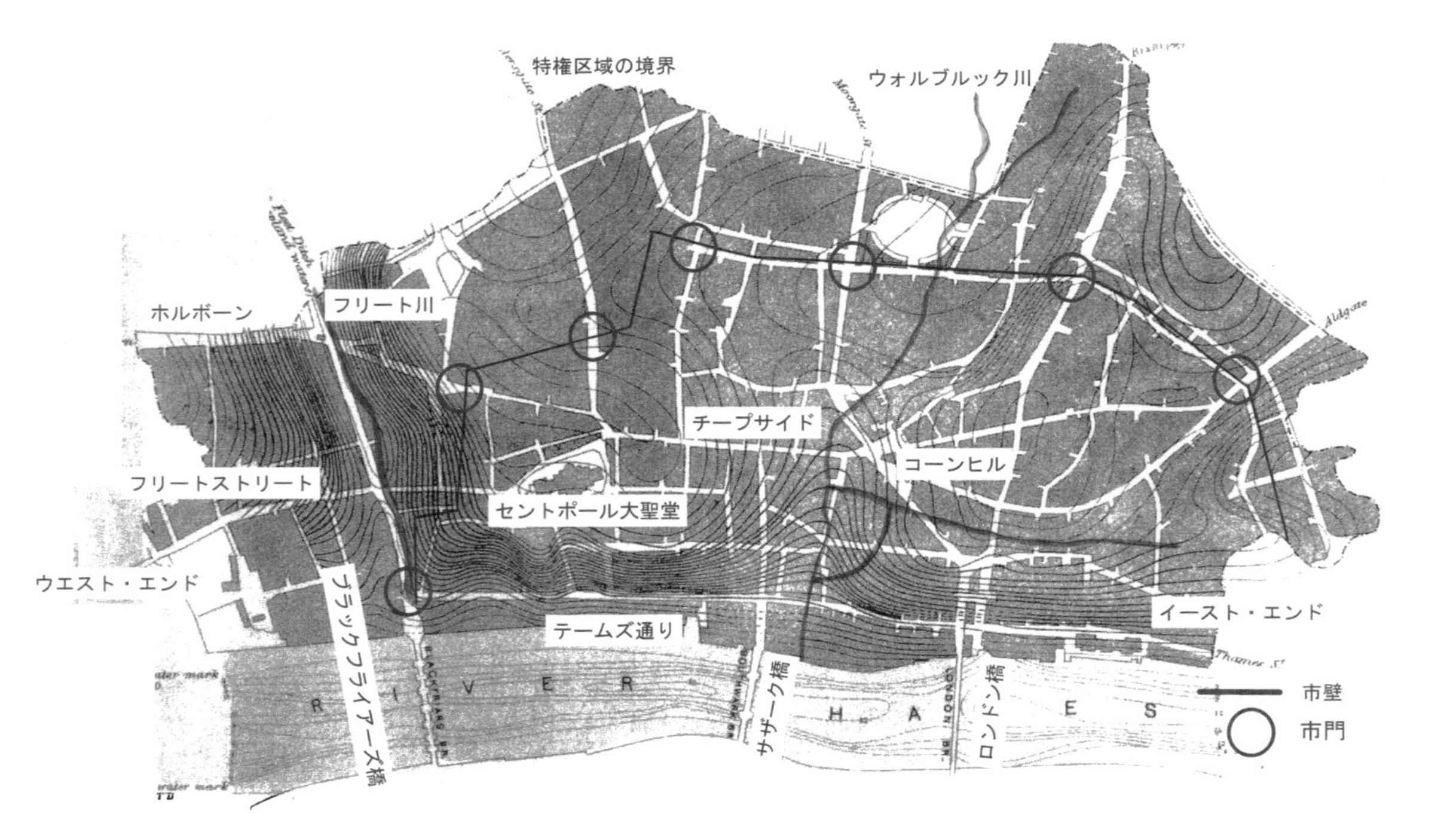

図—4－1　等高線入りロンドン市地図

出典元：『First Report of the Commissioners for lnquiring into the State of Large Towns and Populous Districts』, Vol.2, 1844 年 附図に加筆

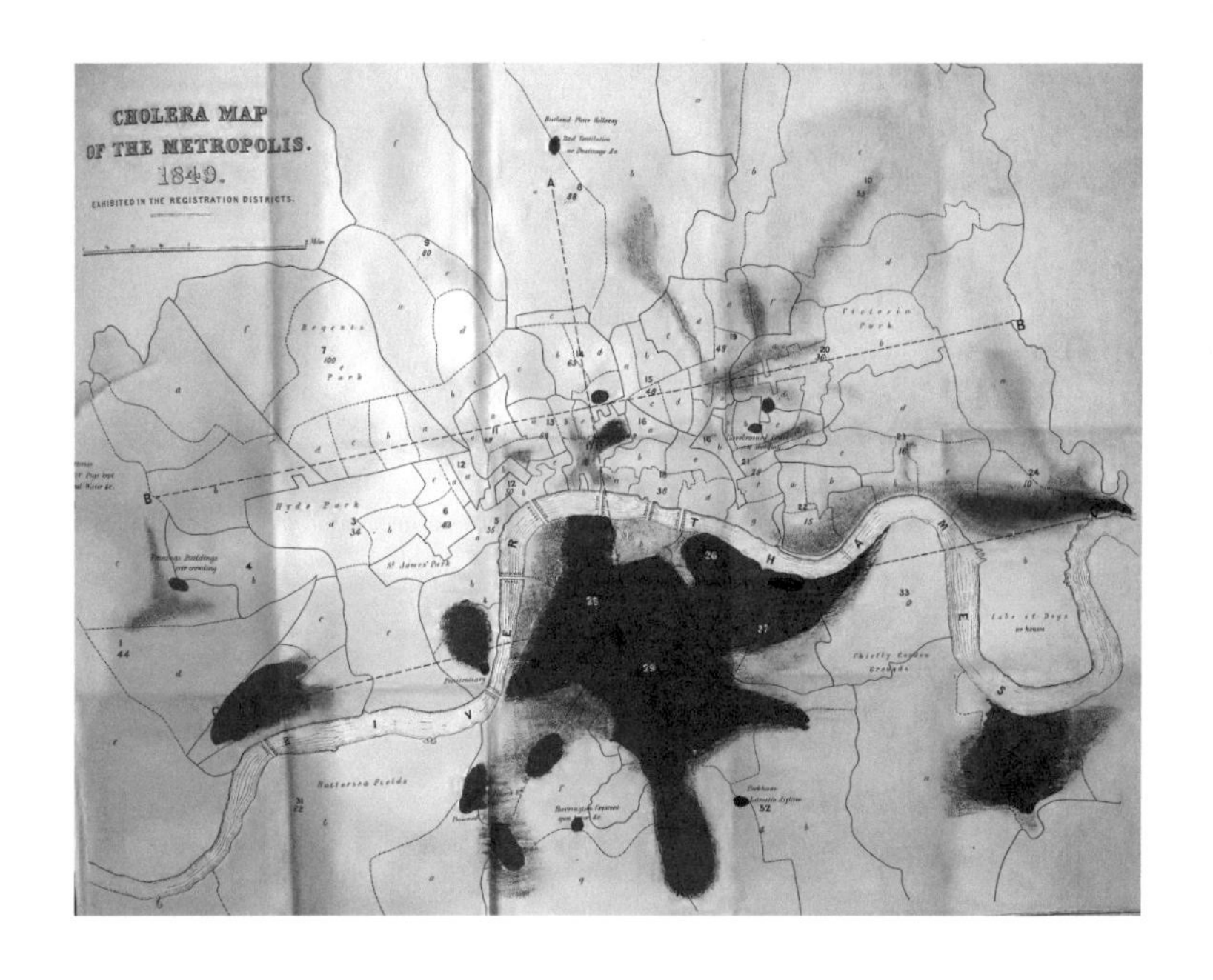

図—4－2　1849年のコレラマップ

出典元：「Report of the General Board of Health」, 1851年, Appendix（B）

コレラの発生個所は主にテームズ川南岸の低地とイースト・エンドに偏っている。南岸地域では北海から押し寄せる大潮によってテームズ川の水が排水路に逆流しており、汚物がなかなか流れ下らなかったので、感染者がなかなか減らなかった。イースト・エンドは洪水の緩衝地帯であったことから水はけが悪かった。ウェスト・エンドではあまりコレラが発生していなかったが、上流域の飲み水用取水口付近は汚水が含まれた排水路の下流側にあった。そのため局所的には発生していた。

図―4－3　ウェスト・エンドにおける富裕層向け大規模開発の状況

出典元：Map of London 1720 に加筆

ロンドン大火後にシティを脱出した富裕層はウェスト・エンドの高級賃貸住宅に居を構えた。住宅を提供する側も住宅価値を下げない工夫をして富裕層を取り込んだ。そして多くの高級賃貸住宅を伴うスクエアやガーデンが築造された。

挿絵—4－1　キング・コレラの王宮

出典元：「PUNCH」, 22 Sep, 1852 年, p.139

公道上のゴミであれば処分可能であるが、私有地や脇道では所有者が肥料と称すれば、どんなに臭くても勝手に撤去出来なかった。

ニューサンスと訴えることは可能であったが、多額の裁判費用が必要のため誰も訴訟することはなかった。

死んだネズミの屍骸で遊ぶ子供たちや、道路掃除夫の子供（道路を横断する人の足元にある泥濘を掃除してチップをもらう）、さらにはゴミの山から何かを拾う女性や安宿まで描かれたおぞましく汚い風景が存在していた。まさにキング・コレラの王宮がそこに在った。

挿絵—4－2　ロンドンの煤煙製造者の集会

出典元：「PUNCH」, 20 Aug, 1853 年, p.80

挿絵—4－3　ロンドンの通りにおける霧

出典元：「The Illustrated London News」, 12 Jan, 1867 年, p.48

挿絵―4－4　臭い、臭い、臭い

出典元：「PUNCH」, 1 Nov, 1890 年, p.206

街中に腐ったゴミやグレーチングを通じた下水管からの臭い、煙突の臭い、さらには家庭の煙突から出される暖房用石炭による臭いが溢れていた。さらに上空には蜘蛛の巣状の架空線が多数あった。

表—4－1　シティに設置された雨水渠の延長

期間（年）	延長 （フィート）
1707-1717	2,805
1717-1727	2,110
1727-1737	2,736
1737-1747	1,238
1747-1757	3,767
1757-1767	3,736
1767-1777	7,597
1777-1787	8,693
1787-1797	3,118
1797-1807	5,116
1807-1817	5,097
1817-1827	7,847
1827-1837	39,072
1837-1847	88,363

出典元：『London Labour and The London Poor』, Vol.2, 1967 年, p.404

雨水渠は 1837－1847 年にかけて敷設延長が極端に増えているのが分かる。この時期の雨水渠に水洗トイレの管をつなぐことは違法であったが、こっそりつなぐ人々が多くおり、テームズ川の汚染はますますひどくなった。テームズ川は巨大な水洗トイレに変貌していく。

第5章　通行障害と都市改造

ステージ・コーチ（馬車）の導入と弊害

中世におけるシティは七つの門を通じて出入りし、外敵の攻撃に備え城壁で囲まれた都市であった。そのため城壁の内側には曲がりくねった狭い道路が数多くあった。またテームズ川の南北を結ぶ橋もロンドン橋しかなかった。テームズ川の南岸からウェストミンスター市に行くには、ロンドン橋を渡るか船で川を渡り、シティを通過するしか術がなかった。そのため多くの人々はテームズ川を船で渡った。

エリザベス女王の時代（一五五八～一六〇三年）になると、ステージ・コーチ（馬車）と云われる二頭立てや四頭立ての四輪馬車（六人乗り程度）が大陸から輸入された。

馬車が最初に辻馬車（今日のタクシー）として使われたのは一六〇五年であるが、自家用馬車に近い使われ方であった。その後、議会や国王の反対にも関わらず、多くの人々が自家用の馬車より辻馬車の利用を好んだことから、辻馬車はその数を増やした。

一六三〇年には辻馬車の台数が三〇〇ほどになった。国王は一六三五年に、道路舗装の破損などを理由として、辻馬車の台数制限を布告している。

国王の布告にも関わらず辻馬車の需要はおおきく、とうとう規制緩和の措置が講じられることになった。一六六二年のロンドン市における辻馬車の台数は四〇〇近くにまで膨らみ、翌六三年に法（14 Cha.2, c.2）を制定し、辻馬車の台数を四〇〇に制限した。また辻馬車の統制権を、市参事会から免許管理委員会に移管した。免許管理委員会は統制を強めるより、無免許の辻馬車に免許を与えるなど緩和政策を採ったため辻馬車の数が増加し、歩行者の通行に支障が生じ始める事態になった。

大英博物館には一七六三年製の馬車が保存されており、それによれば車幅は五フィート（1.53m）である。ロンドン市の道路は民家がせり出して曲がりくねって狭いうえに看板などが突き出ていたから、馬車が走る横を人々が歩くのはとても危険であった。民家は何世代にもわたり少しずつ建物をせり出して築造してきた経緯があり、本来なら直線的であった道路も曲がりくねった道路になっていた。

こうした道路を走る辻馬車がその後も増え続けたため、一六九四年にふたたび辻馬車の台数を七〇〇に制限する法（5 & 6 Will & Mar, c.22）を公布した。

その後、ステージ・ワゴンと呼ばれる手紙や荷物さらには乗客を二十〜二十五人乗せて走る四頭や五頭引きの馬車が登場すると、大型馬車の車輪荷重によって舗装の傷みは一層すすみ、狭い道路はますます走行の支障になり、歩行者にとって危険性が増した。

ロンドン大火による復興事業

シティでは一六六六年に特権区域にまで及ぶロンドン大火が発生し、一三、〇〇〇棟の住宅と八十九もの教会が焼失した。この大火では三百九十五エーカー（東京ドーム三十四個分）もの土地にあった建物と、二十五万人もの人たちが家を失った。そして多くの人々がシティを離れた。

この大火は今までに例のないほどの大規模な火災であったが、反面、シティの曲がりくねった通りやあばら家、込み入った裏道などの住環境を一変させる千載一遇の機会でもあった。

再建にあたってはジョン・イーヴィリンやクリストファー・レンなどの立派なプランが示されたが、ロンドン市当局には納税者の多くがロンドンを離れた事実が重くのしかかった。納税者がいなければ、再建などおぼつかない。市当局の焦りはあきらかで再建策は早急な住宅建設を急ぐものになり、従前の街の姿に多少の創意工夫を盛り込んだものに止まった。

国王は大火後に布告を発し、議会は一六六七年にシティ再建法（19 Car.2, c.3）を公布した。この法には従前の木造建物を石造りにすることや、道路幅に応じ建物の階層を規制するなどの措置が盛り込まれた。また市長と参事会員は、新たな委員会に大きな権限を与えた（第六条）。こうして一四二七年に制定された河川や水路を管理する水路委員会（6 Hen.6, c.5）に代わる排水・舗装委員会が設けられた。

四月十九日には、再建にともなう道路拡幅のためのロンドン市条例が市議会で成立した。主要街路は拡幅されることになったし、この条例によって市民は自分が建てる建物が面する道路の幅員と、建物の階数制限を知ることができることになった。

議会はその後もロンドン市再建に関するさまざまな議論を重ね、一六七〇年に第二次再建法を公布している（22 Cha.2, c.11）。この法において、当初は微々たる税額であった石炭税を増やせるようになるとともに、通りの新設と拡幅、加えて公共市場の新設さらにはフリート川の改造などが盛り込まれた。またレーンや横道という狭小道路における最低幅員を、十四フィート（4.27m）以上にすることが明示された（第五十五条）。

シティでは背の低い荷車でさえ通り抜けにくい狭く曲がりくねった道が多く、ところどころに荷物などが置かれていて通行するに不向きであったが、改造計画により背の低い荷車が行き違える幅員が確保された。

それでも中世の頃から続いてきた基本的な街路網は変わらなかった。前面にせり出していた土台を本来の敷地位置に戻し必要なところは拡幅したが、それ以上のことはしなかった。それは土地の賃借権などが複雑になっていたためであり、それらを処理しようとすれば多くの時間を必要とし、早急な復興が遠のく危険性があった。

また今まで張り出していたバルコニーや屋根から直接、通りに落ちていた雨水をパイプによって道路わきや家の前面に持ってくるようにした（第十条）。これによって、家々からの雨水処理方法がおおきく変わった。通りは相変わらず中央部に溝が掘られ、中央に向かって下っており、中央の地下には排水路が設けられ、建物からの雨水排水もドレーンを通じて道路に流すことになった。

議会は第二次再建法を成立させた同年に、シティの道路舗装および清掃ならびに雨水渠に関する法（22 & 23 Car.3, c.17）を制定した。

一六六七年の第一次再建法の第二十条で付与された排水・舗装委員会は時限立法による権限を与えられた機構であった。それを本法により、永久的で強力な権限を有する委員会にした。この委員会（一八五五年に下水道委員会に名称変更）はその後、一八九八年までの二百三十年間も存続し続け、道路や雨水渠など様々な事項に絶大な権限を発揮することになる。

ターンパイクによる新たな道路制度の始まり

中世から続く教区民による道路の維持管理は素人による手入れであり、道路交通量が増え続くと素人には無理になった。そのため議会は一六六三年に道路区間の修理に関する法（15 Cha.2, c.1）を公布し、有料道路制度を誕生させた。ターンパイクの誕生である。

それは住民に課した道路修繕では、主要幹線の修理が追い付かなくなったことの証であった。ターンパイクは有料化する区間を議会に諮り、法として認めてもらう必要があった。

この議会申請には多くの手間と多額の費用がかかることから、事業に乗り出す資本家がおらず、その後、三十年以上も申請がなされなかった。

こうしたことから有料道路が普及するまでは、教区民の道路修理では悪路化を防ぐことができなかった。だが有料道路と云えども、必ずしも走行しやすい道路ばかりではなかった。悪路であっても、料金を取った有料区間があった。

ターンパイク制度が一般的に受け入れられるようになるのは、一七〇六年に提出された受託団体方式（special body of trustee）による法制化（6 Ann, c.21）以降のことである。

ターンパイク・トラストなどのアド・ホック機関は地方法に基づき、特定の目的だけを遂行する機関であり、二十一年間に限定されて活動が許された。

ロンドン市の特権区域にもターンパイクが誕生したおかげで、地方とロンドン市を結ぶ主要交通路はようやく機能することになった。そうしたなかにあっても、主要交通路は依然として水路であった。

城壁都市の解体と道路拡幅

ロンドン市議会は一七五九年に、議会下院に対し狭隘道路の拡幅を上申した。

上申書では、狭隘道路がいかに通行車両や通行人にとって不便であるか訴え、通行阻害を改善する必要性を訴えた。狭隘道路を改善するためには道路拡幅が必要であるが、支障になる建物を取り壊さなければならない。建物のなかには所有者と居住者が異なることや、フロアー毎に所有者が異なるという古くからの課題があった。

これはロンドン大火復興事業の際、市当局が対応しなかった命題であった。さらに長屋の境壁の課題などもあったが、水道管敷設による舗装の修理条項（第二十九条）を加えることで、翌六〇年に道路拡幅法（33 Geo.2, c.30）が成立した。

狭い門は馬車の通行障害（ボトルネック）になっており、そのうちの三門は、この年に取り壊された。また市壁も取り除かれた。こうしてロンドン市はシティを守り続けた敵への防御装置を壊し、近代への門を開いた。また、それまではロンドン橋がテームズ川を渡河する唯一の陸路であったが、議会は暴動が発生したときに国王の安全が確保されないとするシティの言い分をはねのけてウェストミンスターに橋を架ける法（10 Geo.2, c.29）を制定した。しかしながら橋は完成までに十四年もの月日を要し、一七五〇年に竣工した。

またロンドン橋も橋上の両側に建物があるため、馬車の通行に支障となっていた。ロンドン橋では通行できる幅が十二～十三フィート（四メートル未満）しかなかったため、橋の袂になる両側に整理人がいて対処していたが、陸上貨物は橋を渡るだけでも多くの時間を要した。そうしたこともあって、主たる物資の輸送路は相変わらず水運であった。

ロンドン橋も輸送力の拡大に対応できないことから、一七五六年にようやく新たな橋を造る法（29 Geo.2, c.40）が制定され、両側に七フィート（2.13 m）の歩道と三十一フィート（9.45 m）の車道による全幅・四十五（13.71 m）フィートの計画が立てられた。大火復興事業で目抜き通りには六フィートの歩道が計画されたが、新しいロンドン橋では、さらに一フィート拡がった歩道（両側）と、五フィートの車幅を有する馬車が四台も通行可能な車道幅を有していた。

こうして一七五八年から橋上の建物撤去に着手したが、橋脚や土台は残されることになった。上部工が改修されたロンドン橋は、一七六二年に誕生した。

ロンドン橋は拡幅されたもののシティに渡る橋は一つしかないため、シティの西側に位置するブラック・フライアーズと対岸のサリー間に新たな橋を架けることになった。議会は一七六六年に法（7 Geo.3, c.37）を成立させた。二つめの橋は一七六九年に完成し、有料のブラック・フライアーズ橋になった。

ウェストミンスター舗装法の成立

ロンドン市と同様に特権区域を有するウェストミンスター市の歩行空間には、通行に支障となる高さなどに看板が設置されていて、不便なうえに危険であった。

そのため議会は一七六二年に法（3 Geo.3, c.23）を制定し、不便さや危険性を除去するための委員会を任命した。第一回の委員会は法案が議会を通過した六月十日から僅か八日目に開催された（ロンドン市は含まれない）。翌六三年三月の十五回の委員会で、新たな都市改造に関する合意がなされ、議会にも報告された。

その主だった項目は次のとおりである。

・舗装や清掃さらに照明などの設置および修理を委員会の管理下におく（従前は治安判事の管轄）
・大部分の通りに新しい歩道を設置する
・新しい舗装にかかる費用は居住者が負担する（税金）
・直ちに舗装が実施されない通りでは、本法に従い修理や照明や清掃をおこなう

こうした経緯を経てウェストミンスターを中心とする地区で、効果的に舗装するための法（4 Geo.3, c.39）が議会で承認され、大規模な道路改修計画が実行された。その原資は課税による収入であるが、ターンパイク制度と同様に借入金でまかなう方法がとられた。この借入金に関する法律も制定された。

しかしながら一部のパリッシュでは税の高さなどに不満がでて、受け入れを拒否するところが出た。そのため再度、議論を重ね一七六五年にウェストミンスターを中心にした舗装法（5

Geo.3, c.50）が制定された。

ウェストミンスター市周辺ではロンドン市に先駆けて車道と分離した歩道が設けられ、舗装がなされ街路照明もなされた。この舗装法によって、ウェストミンスター市はロンドン市よりも歩行者の安全性が向上し、住環境が整った。個人負担に任されていた道路舗装等は、税負担による当局の管理に移った。

ウェストミンスター舗装法に触発されたロンドン市における平石舗装の実施

ロンドン市当局が市壁と市門という敵に備える防御装置を壊し近世への扉を開いてから、排水・舗装委員会は次々に街路の平石舗装や拡幅を推し進めた。それは丸石を敷き砂利を詰めるだけの舗装では、荷馬車の大型化と台数の増加に耐えられないことと、水道管の埋め戻し不良が限界に至っていたことの証左でもあった。

一七六二年に始まるウェストミンスター市の大規模な街路改修事業は、隣接する商業都市ロンドン市の石舗装計画にもおおきな影響を与えた。

従前、街路の舗装は土地の所有者や建物所有者が実施していたが、今回は首都圏と同様に税を取って、当局が実施し管理することにした。排水・舗装委員会は一七六五年、市議会にあつまった市長や参事会員などを前に、管轄区域内における雑な石舗装や投棄などの不法行為などについて、十項目の提案をおこなった。そのなかには歩道に突き出た看板を撤去し、歩道を道路面より少し高くし、通りに街路名を施すことなどの施策が盛り込まれていた。

霧（スモッグ）の深い日には突き出た看板が歩行者にとって、とても危険で迷惑なものであった。また泥だらけの歩道は歩くのをためらわせ、水道管の破裂などで水浸しになっていることも多くあった。それが隣接する政治的中心都市の街路では改善され、快適な住空間になった。都市自治体の盟主たるシティ当局は、ただちに計画を策定することにした。

排水・舗装委員会は、ウェストミンスターと結ぶ東西に走る主要街路を三二、四二八ヤード（29,652 m）舗装する案（歩道と車道を区別し、車道を平舗石で設え廃家を取り壊す）を提示し、資金は税として財産一ポンドに付き十二ペンスを毎年負担してもらう算段であった。この課税額はウェストミンスター舗装の十八ペンスを下回っており、手頃だったことから市民に受け入れられた。

議会は一七六五年に法（6 Geo.3, c.26）を承認した。ロンドン市でも道路舗装は、課税による収入で当局が実施し管理することになった。

車道の平石舗装は、テンプルバーからオールドゲート・チャーチまでの主要街路を舗装する。歩道は一一五、四一四フィート（35,178 m）を段差のある平石で設える（第十五条）。この車道の平石舗装は従前のローマ街道のように丸石を敷き詰めるのではなく、今日で云う雑割のピンコロ石を敷き詰めた。また歩道は、テナントや所有者が毎日、清掃する（第三十四条）。この歩道石も、厚い平板石が使われた。

さらに街路横断構造は、一五四三年法で実施された中央部を最も低くし排水用の溝を有する構造から、中央部を最も高くし両サイドに排水する構造に変わり、歩道は車道より一段高くした。

こうすることで歩行者は、今までのように馬車がはねる泥などを気にしないで歩くことが可能になった。また両サイドには排水用の溝を設けず、なだらかなカーブを描き、縦断勾配に沿って雨水が下流に流れるようにした。

このように十八世紀後半には街路構造が整ってきたものの、路盤工の技術は十九世紀初頭のマカダム工法などが確立されるまで時間が必要であった。

公共雨水渠の登場

ロンドン市の街路が新たに舗装されるようになると、議会はロンドン市において今までに公布された街路清掃等のための多くの既存法をひとつにする法（11 Geo.3, c.29）を一七七一年に制定した。このころは道路に関する法も次々に制定され重複しており、体系化する時期に至っていた時期と重なっていた。都市自治体における道路に関する法制度があるいっぽうで、一般法の道路法も存在していた。

十八世紀も後半になると主要幹線では石舗装が全面になされ、その結果、馬車の車輪と平石舗装との接触によるけたたましいほどの騒音が一日中、鳴り響くようになった。そして車輪との接触によって、削れた細かな粉塵が辺りを覆った。

街路はぬかるみや水道管の漏水から解放された一方で、喧しさが街を覆った。

このように課税によって街路構造を改良することはできたものの、狭い幹線街路を拡幅したり新設街路を構築し、都市を改良するための原資確保という難題は解決できなかった。

それが一七五〇年から一七七五年の間にワットの蒸気機関と石炭のコークス化による溶鉱技術の開発によって、国内の地下に眠る無尽蔵の石炭を活用できるようになった結果、石炭の輸出量拡大を受けた石炭税で賄うという方法が検討されることになった。

東西を結ぶ狭い主要幹線と交通障害

ロンドン市における主要街路の幅員は、一六六七年以降に実施されたロンドン大火後の復旧事業での拡幅と、一七六〇年以降の道路拡幅が主たるものであった。

馬車交通が発達し、堅固な路盤築造がターンパイクを中心に実施され、迅速性と平坦性が増したことで、道路における荷役運搬の役割が大きくなった。

全国的に一般道路が産業道路として機能するようになっても、ロンドン市内では大規模に拡幅された路線は存在しなかった。相変わらず、狭い道路と交通量の多さというアンバランスな状況が見られた。

一八三〇年代になると大型馬車による貨物輸送が許可され、通過交通量は増す一方になった。

改良委員会が一八六九年に発行したレポートによれば、一八五〇年の通過交通量と六七年の歩道幅と歩行者数から、主要街道における車道幅員の狭さと通過歩行者数の多さ、さらには歩道の狭さがわかる。

主要街道と云えどもせいぜい二十メートル足らずで、東西を結ぶフリート・ストリートに至っては、全幅員が十二メートルで車道幅が七メートル弱（両側歩道で計五メートル）しかなかった。

王立委員会が一九〇五年に発刊した『ロンドンにおける交通調査』（全七巻）には、「道路掘削権を有する郵政大臣と云えども、道路管理者から一度の道路掘削におおきな制約を受けていた。掘削にあたっては、道路幅の三分の一以上を掘削することが許されていなかった。残りの三分の二の有効幅員でも、車二台分の通行スペースを確保することが求められた。二台分の有効幅を確保できない場合には、一度に五十ヤード（45.7 m）以内しか掘削を認められなかった」と記している。

しかしながら一九〇四年のロンドン市における街路では荷車が至るところに置かれ、通行障害になっていた様子が写っている。荷車などを路上に放置することは中世から許されていなかったし、一般道路法においても条文化されていたが、多くの荷車が混雑する道路に放置され続けた。一九世紀後半におけるロンドンの交通状況は、道路掘削権を有する事業者によって混乱を深めていたから、新たな道路掘削権を電話事業者に与えることは更なる混乱を招く恐れがあった。加えて多数の電燈事業者に道路掘削権を付与することは都市機能をマヒさせる恐れまであった。

ロンドン大火後に狭い街路をそのままにしたツケはまことに大きく、いっぽうで道路掘削権を有する事業者の要求を無視することもできないという深刻な状況を呈した。

写真—5－1　障害物に占拠された街路（1904 年 1 月）

出典元：「Royal Commission on London Traffic」, Vol.Ⅲ, 1905 年, Plate. XLIXa

写真—5－2　荷物に占拠されたホワイト・ハイストリート

出典元：「Royal Commission on London Traffic」, Vol.Ⅲ, 1905 年, Plate. XLIXd

挿絵　5—1　イングランド銀行と王立取引所の交差点

出典元：「Modern History of the City of London」, 1896年, William Logsdail の絵

この絵は地下通路が出来上がる前の1880年代初めのものと思われる。大量の馬車がおり、人びとは通りを横断するにも命がけであった。このなかで地中線のための道路掘削をすることも困難を極めたと思われる。

写真—5－3　ピカデリーサーカスにおける馬車の多さ

出典元：「Royal Commission on London Traffic」, Vol.V, 1905年, Plate. XXIVa

表—5－1　各通りにおける車道幅員と通過交通量

通り名	車道幅	12時間交通量（台）1850年	12時間交通量（台）1865年
Aldgate High street	17.53 m (57 ft 6in)	4,754	8,376
Aldgate street	9.35m (30 ft 8in)	2,590	3,936
Bishopsgate street Without	6.76m (22 ft 2in)	4,110	7,366
Blackfriars Bridge	8.53m (28 ft)	5,262	9,660
Finsbury Pavement	12.67m (41 ft 7in)	4,460	6,715
Fleet street	7.21m (23 ft 8in)	7,741	11,972
Holborn hill	10.74m (35 ft 3in)	6,906	9,134
London Bridge	10.67m (35 ft)	13,099	19,405

出典元:「Report to the court of common council from the improvement committee」 1869年 ,p.19

表—5－2　各通りにおける歩道幅（両側合計）と通行人数

通り名	両側歩道　合計幅	12時間通行量（人）1860年	24時間通行量（人）1860年
Aldgate High street	8.69 m (28 ft 6in)	29,160	42,574
Aldgate street	6.65m (21 ft 10in)	15,640	21,060
Bishopsgate street Without	5.94m (19 ft 6in)	23,500	34,160
Blackfriars Bridge	4.42m (14 ft 6in)	24,199	31,642
Finsbury Pavement	7.47m (24 ft 6in)	21,150	27,024
Fleet street	6.15m (20 ft 2in)	25,050	36,950
Holborn hill	7.16m (23 ft 6in)	29,770	41,610
Lonodn Bridge	10.74m (19 ft 4in)	41,949	54,128

出典元:「Report to the court of common council from the improvement committee」 1869年 ,p.21

交通量調査をおこなった通りでは1850年から65年までの間に最大84％ほど通過交通量が増加している。また1860年当時でも両側歩道の通行人数は40人/分もあった。シティに住める人口が飽和状況になっていたことから郊外に住む人々が増え、乗り物を利用して移動する人々がますます増えていた。こうしたなかにあって、各種インフラの地下埋設工事による交通渋滞は深刻になっていた。この後、30年も経つと電燈線の地中埋設を同一路線で数社が実施するのは一層困難になった。

第６章　裁判で電信通信の一種になった電話による上空占有

電信から派生した電話[注一]と特許取得

信号用電信装置の特許を取ったチャールズ・ホイートストンは、人間の声を真似できる機械装置を一八一九年に作成していた。それは十八世紀の先人の設計を改良したものであったが、グラハム・ベルはこの機械を特別に見せてもらう機会があった。その後、ヘルマン・フォン・ヘルムホルツが電磁装置を用い、たくさんの音叉を同時に共振させたことを受け、ヘルムホルツが音を電気的に別の場所に伝えたと勘違いした。

この勘違いが、話を遠くに伝送させるというアイデアにつながった。そして多くの苦労と偶然の積み重ねから、一八七五年六月二日の夜に振動板にかすかな音声が聞こえることに成功した。このかすかな音声が確実に声として聞こえるようになるまで約八か月を要したが、ベルは電話機に関する特許を米国で取った。ベルの米国における電話に係る特許は一八七五年の特許（No. 161739）に始まり、七七年の特許（No.186787）までの四つの特許で構成されている。

特に七六年の特許（No.174465）の第五項には、「音声またはその音を空気中の振動の波形と同様な電気振動を発生させることで電信的に伝達する方法」という極めて特許範囲の広い文言が書かれていた。そのため電話に係る特許はすべてベルに委ねられた。

そして英国の特許庁へは代理人のウイリアム・ブラウン名で一八七六年の十二月九日になされ、電信電話とするサウンディング・ボックスの図面が添えられた送受信一体型のもので、特許（No.4765）を取った。

電話という表現はすでに一八七四年のグレイの特許にも使われており、電信と電話という単語はどちらも使用されていた。こうした経緯から、米国においても英国においても、電信的に伝達する方法（電話）は電信の一種と理解されたし、電信の延長線上で扱われた。

英国における電話事業の始まりと商務省による認可

グラハム・ベルが発明した音声を伝送する装置には大きな欠陥があった。それは一つの装置（送受信兼用）で、「聞く」「話す」システムになっていたため雑音が多く、相手の言葉を聞き取りにくかった。最初の電話通信は一本の通信線の両端に、送受信用の電話器を取り付けていた。

いっぽうトーマス・エディソンはベルの音響伝送装置に対抗できる機械の要請を受け、ベルの装置を改良した送話器を作成した。そして翌年の七七年七月に、英国における特許（No.2909）を取得した。この送話器は極めて優れたものであった。

そのため電話の送受信は、ベルの受信器とエディソンの送話器の組み合わせで初めて機能するという変則的な形態になった。これが今日の電話の原型になったが、送受信用の二本の電線が必要になり、双方に特許の侵害が発生した。

またベルとエディソンはそれぞれ一八七八年と七九年に英国・商務省の認可を受け、ロンドン市内に電話会社を設立している。双方の電話会社は相手を訴訟したが無益な競争よりも合併の道を選択し、一八八〇年にユナイテッド・テレフォン会社を設立し商務省から認可された。

しかしながら、ユナイテッド・テレフォン会社は一般会社法による事業者としてのみ認められ、電話線を公道下に埋設できる特別法を認められなかった。

郵政省は電信国有化に際して味わった苦労と莫大な投資をしており、一八七九年にようやく肩の荷を下ろした郵政大臣にとって、瞬時に双方向で情報伝達が可能な電話の登場はまさに黒船来航であった。

このユナイテッド・テレフォン会社に対し、郵政大臣は電信法一八六九の第五条に則り免許を与え、通信範囲を限定しようとした。これに対し、全国展開をめざしていたユナイテッド・テレフォン会社は反発した。

裁判における判決と郵政省の強権政策に翻弄される電話事業

郵政大臣は電信通信を国有化した時と同様に、郵政省法を改正し電話通信も国有化しようとしたが、下院の同意を得られなかった。そのため一八七九年十一月に、法務総裁は電話事業が電信事業の独占権を侵害しているとして、エディソン電話会社[注二]を相手取って訴訟を起こした。

この裁判の判決は翌年の十二月に、高等法院でなされた。スティーブン判事の判決は合併後のユナイテッド・テレフォン会社にとって、思いもかけないものになった。

それは電気通信による送信メッセージ（通話）は郵政省法に定める電信通信にあたり、加入者の通話は電信法一八六九の第四条に規定する郵政大臣の独占権を侵害しているとされたのである。

電話通信は電信通信に代わる新しい通信手段であり、電信法一八六九が制定された当時では想像されない発明であったにも拘わらず、スティーブン判事は電話通信について電信線を用い電気信号を送る装置と見なし、電信通信に包含した。この結果、電話による通話手段は郵政省法に包含された。

郵政大臣は裁判の判決を受け積極的に電話事業に参入することにしたが、郵政省には電話通信のための技術力がなかった。ベルの特許権は一八九〇年十二月九日まで、エディソンの特許権は一八九一年七月三十日まであったから、両者が郵政省に特許権を譲り渡すことはあり得なかった。そのため郵政省がいくら頑張っても、技術力で太刀打ちできなかった。

またユナイテッド・テレフォン会社にとっても、電話事業を営むには郵政省法の下で郵政大臣からライセンスを受けるしか、事業を実施する術がなくなった。

その結果、ユナイテッド・テレフォン会社は、郵政大臣の付した条件で送信免許を受けた（免許は一八八一年一月一日から向う三十一年間で、途中の免許更新時にも国による買収条項が付されていた）。さらに免許には、電話交換事業のすべてに係る収入の一割を国に支払うロイヤリティが付されていた。

加えて郵政大臣が付した許可条件は、ロンドンに限れば業務の中心地から半径五マイル（8.05km）の範囲内でしか、営業できないようになっていた。郵政省が独占している電報を取り扱うことも許されなかった。電話の通信範囲が極めて限定されていたため、広く全国に営業展開しようとしていたユナイテッド・テレフォン会社にとっては痛手で、各地で狭い範囲の電話事業を営んだものの、幹線ルートがないため全国的なネットワークが構築されなかった。

これは利用者にとっても誠に不便なものであった。近距離の人との会話は可能であっても遠距離の人との会話は不可能なため、国が独占する電報と併用するしか情報交換ができなかった。

さらにユナイテッド・テレフォン会社にとって致命的なことは、鉄道用地内のウェイリーブ権を取得できないことにあった。通信事業を営む上で地中線と架空線は必須アイテムであったが、鉄道会社の電信用ウェイリーブ権（鉄道横断や鉄道に平行架設）はすでに郵政大臣に譲渡されていた。

当然ながら郵政大臣が電話事業に手を差し伸べ、既存鉄道用地内のウェイリーブ権をユナイテッド・テレフォン会社に与えることはなかった。鉄道が敷設されている区間では、鉄道を跨ぐことも平行して敷設することも叶わなかった。

残された方法は郵政省が独占的ウェイリーブ権を有していない後発鉄道の構内に電話線を敷設させてもらうか、建物所有者のお情けで建物外壁や煙突などに電話線を添架させてもらうことしかなかった。

さらに添架していない建物所有者から上空通過の補償を求められた場合には、上空通過に対する金銭的な補償をおこなった。

ユナイテッド・テレフォン会社のロンドンにおける架空線の添架補償費は、平均すると年一ポンド八シリングであった。また法外な補償費（年に三百ポンド）を求める事例もあったし、敷地内の通過架空線を張るにあたり家主から銃で撃つ構えをされたり、架空線によって鳥小屋の鳥が卵を産まなくなったとして補償を求められたりもした。

またロンドンの外側では、牧草地の端に数本の電柱を建てさせる条件として、家を一軒建てるよう要求されたりもした。

そうした弱みに付け込んだ要求を受けつつユナイテッド・テレフォン会社は、電話局の屋上に「やぐら」（derrick, overhead pole gantry）を建て、そこから上空の架空線を四方に配線して営業した。このことがロンドン上空における電信線による薄い蜘蛛の巣を、一挙に乱雑極まりないものへ変貌させることになる。他社を含めた電話事業において、中村良夫がシャーロック・ホームズの小説で見た挿絵のような状況になるのである。

ウェイリーブ権の付与を求めた法案提出

ユナイテッド・テレフォン会社は通信線に関する法的効力を有するウェイリーブ権を付与してもらうべく、一八八四年に議会にプライベート法案を提出した。

ナショナル・テレフォン・ジャーナル誌によれば、

・いかなる街路でも電話線を地中埋設できる
・いかなる街路の上空でも電話線の架設ができ、電話線用のマストの設置ができる
・前述の目的のため、いかなる街路でも供給用の水道管やガス管の下に電話線を敷設できる

・いかなる土地や建物さらに鉄道や運河においても電話線を架線することができることが記されていた。これは郵政大臣が電信法一八六三や電信法一八七八で取得した権限を踏襲したものであった。

議会の特別法による道路掘削権を付与されていない中にあっては、

①　地方自治体が制定する条例（Bye Law）によって埋設権限を付与してもらう方法

②　郵政省と同様のウェイリーブ権を盛り込んだプライベート法を議会に承認してもらう方法

の二つしか手立てがなかった。

しかしながら議会と商務省が郵政省の方針に背き、郵政省の保有するウェイリーブ権と同等の権限を民間の競争相手に与えることはあり得なかった。

当然ながら、この法案はロンドン市下水道委員会の反対を受け、下院の第一読会（三読会で構成）すら通過できなかった。下水道委員会が反対した理由は定かでないが、シティでは狭い主要街路でも通過交通量が過大になっており、新たに道路掘削権を手に入れた事業者による更なる交通障害を危惧したものと推察される。

ユナイテッド・テレフォン会社は翌八五年にもウェイリーブ権を求め、三月六日に議会に対しプライベート法案を提出している。この法案は英国議会・上院のアーカイブに記録として残っている。

それによれば翌八五年に提出された法案は極めて紳士的なものであり、電燈事業における暫定命令を意識したスケジュールAとスケジュールBが示されていた（暫定命令については後述）。

法案はメトロポリス全域を対象にしたものであり、半径五マイルの範囲に限定された通信範囲をセント・マーチンズ・ル・グランドの郵便本局から半径百マイルに広げるものになっていた。

これは前年の八四年に、郵政省が電話会社の操業範囲を限定しない方針を打ち出したことを意識していた。法案は道路管理者の承認を得て、原則、電話線を自由に上空通過させ、必要なところでは地中埋設できるようにすることにあった。

主たる条文には、

・道路掘削にあたっては幅員の三分の一までとし、掘削延長も五十ヤード以内に留め二台の車両が通行できるようにする

・架空線は地面から十五フィート以上とする

・地中埋設された他社の管類はマークしておく

ことなど、細かい事項が書き記されていた。

こうした細かな事項まで明示することで、道路管理者からウェイリーブ権を付与してもらおうとしたが、議会に認めてもらえなかった。郵政省と同等のウェイリーブ権を手に入れようとすることに、議会が沿うことはなかった。それでも今回は、第二読会まで審議がなされた。

誘導電流による通信障害と乾心紙ケーブル線の発明による乱雑さ助長

当初の電話線も電信線と同様に鉄線であったから、多くの架空線を束ね電話局内に引き込むには、誘導電流による混信を避ける必要があった。そのため電話局への引き込み線は、早い時期か

ら価格の高いケーブルが用いられた。そうしないと電話線同士の通話漏れとノイズで、会話することは不可能だった。主に使われたケーブルは、一八八二年に製造された六対用のものであった。しかしながらこのケーブルは心線を撚り合わせていないため、誘導電流による障害が解消されるまでには至らなかった。誘導電流による障害が軽減されるのは、ケーブル心線を撚り合わせることが可能になる八七年のことである。

一八九〇年にようやく湿潤物を用いない乾心紙ケーブルが制作されると、翌九一年にこの絶縁材に紙を使用した五十対用ケーブルが出現した。この頃からダブル線が使用されたこともあって、ケーブルが日常的に用いられるようになった。裸線の鉄線が四方八方に伸びていても、「やぐら」付近を除けば人目につきにくかったが、架空ケーブルが束になってビルの屋上を渡っている様は、あたかも大蛇が這っているかのように壮絶であった。BTにはこうした写真が何枚か存在している。

いっぽうロンドン市内の狭い供給エリアであっても、シングル線をダブル線に切り替えるための費用は百万ドルという巨費になった。さらにダブル線を前提にした通信システムの改修費用に百万ドルを要した。郵政省との協議が整って電話用の架空線は徐々に地中線へ切り替わるが、この処理にさらに百五十万ドルもの巨費を必要とした。

ワンズワース地区・道路管理者の訴訟と判決の及ぼす影響

テームズ川南岸地域のワンズワース地区・道路管理者は、従前から道路上の架空線（電信線、電話線）に厳しく対処してきた。郵政大臣の電信線を拒否し裁判になった一八八四年四月の判決では敗訴したものの、道路上の建築限界内に架空線を張らせないきっかけを作った。

そうした厳しい姿勢を貫いていたワンズワース地区の道路管理者は、ユナイテッド・テレフォン会社のすべての架空線に対し、道路管理者の同意を得ないまま架設したとして、一八八四年五月に差し止め訴訟を起こした。一審では差し止め訴訟に勝訴したが、翌六月十三日の控訴院で判決が覆された。

控訴院の判決は、「ユナイテッド・テレフォン会社が一八六二年の個別会社法で設立された電話会社であり、他に特別法で規定されたものもない。さらに道路を横断している電話線も道路管理者の管轄する建築限界外に設置され、原告の管理する街路の合理的な利用が妨げられていない。よって電話会社の電話線が安全かつ適切に敷設されているなら、ユナイテッド・テレフォン会社の権利は保証される」とした。

ワンズワース地区の道路管理者は同年四月に、街路上の管理権限が及ぶ範囲を裁判で示されていながら、建築限界外の架空線を裁判に訴えるという行為に及んだ。建築限界外の架空線に、「公衆に及ぼす危険性」と「ニューサンス」がはた目にも存在するなら勝ち目はあったが、そこまでの危険性が認められる状況にはなかった。

ただし、ユナイテッド・テレフォン会社は安全かつ適切に敷設するためのそれなりの手立てを取っていたが、吹雪（snowstorm）による架空線の着雪と落下は防げなかった。

幸いなことに当時のワンズワース地区における通りは幅が狭かったので、ケーブルや架空線が切れても建築限界内に垂れ下がることは少なかった。架空ケーブルが長ければ切断した場合に歩道を歩いている人に危害が加わる危険性があったので、ワンズワース地区の道路管理者に有利に働いた可能性はあった。

しかしながら架空線の切断は、多くの人々にニューサンスに映ったし人命に危険であった。かといってワンズワース地区の道路管理者は、条例を制定し電話事業者に道路掘削権を与えてまで架空線を地中化させようとはしなかった。

ユナイテッド・テレフォン会社は架空線が保証された一方で、難しい立場に立たされた。それは架空線が「ニューサンス」になれば架空線の撤去を求められることになるし、かといって当該自治体に架空線を地中線に移行させるよう働きかけることも出来なくなった。

郵政省の政策転換

ユナイテッド・テレフォン会社の都市間をむすぶ通信幹線は、郵政省が事業区域を大幅に制限してきたため、敷設されることはなかった。

この頃の電話通信では、郵政省の電話は郵政省と契約した電話とだけ通話ができた。いっぽうユナイテッド・テレフォン会社の電話も郵政省の厳しい締め付けで、狭い範囲内の契約者としか通話できなかった。それでもロンドンには、五千人もの顧客がいた。

郵政省の抑止的政策は、遠方との電話通信を求める人々から批判を受けた。このため郵政大臣は、抑制してきた政策を変更せざるを得なくなった。

郵政大臣は一八八四年八月に声明を出し、電話局の操業範囲に制約を設けない免許を交付することになり、同年十一月に交付した。また郵政省の電話線との接続も可能にした。

　こうして郵政省は、初めてロンドンとブライトンを結ぶ通信幹線を同年十二月十七日に開設した。通信幹線の敷設は郵政省によって実施された。

　いっぽう議会の下院は、一八八五年三月に上空の電話線や電信線さらには個人の所有架空線に関する特別委員会を設置し、自治体や郵政省さらには電話会社の関係者から聴取している。

　委員会はジョージ・ラッセル議長の下で九回開かれ、二か月後の五月に報告書を出している。それによれば、「上空の架空線が公衆に及ぼす危険性のリスクは言われるほど大きくなく、大げさに言い過ぎている。ケーブル切断のアクシデントはとても少ない。電話通信の便利さを考慮すれば、公的機関が拒否している架空線について、何らかの管理を前提に添架する権限を付与してよいのではないか。首都建設局が支柱間の距離などの規則を条例で定め、ロンドン市当局や教区会や地区委員会に管理を委託すればよい」と報告した。下院の特別委員会はユナイテッド・テレフォン会社が望んだ方向性を打ち出した。

　特別委員会が出した結論は、ユナイテッド・テレフォン会社にとってチャンスのように思えたが、再度の法案提出も議会で撤回された。それはユナイテッド・テレフォン会社が、ロンドンを外れた地方部において道路管理者の同意を必要としない電柱建設を求めたことにあった。その頃は郵政大臣が地方部において、電信線を道路管理者の同意を得ることなく敷設していたことを受けたものであった。

　ユナイテッド・テレフォン会社は一八八八年に三度目の法案提出をおこなったが、ロンドン市が反対し法案は撤回された。シティにおける通過交通量と地下占用物の多さは、都市機能をマヒさせるほどになっていた。

合併によって誕生した電話会社と基幹幹線売却

電話も電信も基本的には電気信号の変換機械が異なるだけで、電気信号を送ることに違いはない。実際、エディソンたちの電話会社が設立されてから、郵政省は彼らの特許権を侵さない機器で電話事業を営んでいた。けれどもエディソンたちの電話通信技術（今日でも通用するもの）には及ばなかったため、郵政省の電話事業は細々と営まれ、ユナイテッド・テレフォン会社に太刀打ちできる規模にならなかった。どちらかと云えば郵政省の電話事業は電信（電報）の補完措置であり、電話局の交換手に電報内容を伝えるだけに止まった。

ユニバーサル・プライベート・テレグラフ会社は郵政省の政策転換を受け、もっとも効果的な運営をするために電話システムを統一し管理を集権化することが望ましいと判断した。そして一八八九年に子会社の二社と地域業者の五社と合併し、ナショナル・テレフォン・カンパニーに名称を変更した。

しかしながら当該電話会社も相変わらず会社法による一事業者に過ぎず、特別法は制定されなかった。そのため一八九二年に、地下と上空に電話線を設置するための広範な権限を与えてもらう法案を議会に提出したが、受け入れられることはなかった。

法案が拒否された同年八月に、郵政省はナショナル・テレフォン・カンパニーの基幹幹線を手放させることを条件に、電話回線の上空と地下のウェイリーブ権を付与することを申し出た。この基幹幹線売却にあたって、政府はナショナル・テレフォン・カンパニーに支援を約束した。このためナショナル・テレフォン・カンパニーは上空と地中のウェイリーブ権を手に入れるべく、この提案を受け入れた。

電話幹線ライン国有化法一八九二の成立と拒否権の付与

郵政省はナショナル・テレフォン・カンパニーと合意したことから、電話幹線を国有化する電信法一八九二（55 & 56 Vict, c.59）を議会に諮り、承認された。ここに初めて電話通信を電話的通信方法としか明示しなかった郵政省や政府が、電信法に電話通信という文言を盛り込んだ（第一条）。電話はようやく市民権を手に入れた。また同条において、百万ポンドの支出も明示した。こうして郵政省は明文化されたことによって電信法一八六八と同様に、電話事業者の基幹幹線も国有化することにした。

さらに第五条で、ロンドンにおいてはＬＣＣの同意なしにライセンスを取得できないことが明記された（ＬＣＣへの拒否権の付与）。

この結果、通信事業としての電話事業において、免許の許可権者たる郵政大臣と免許を受ける電話会社の他に、第三者としてのＬＣＣが介在することになり、ＬＣＣには拒否権が与えられた。

郵政省はナショナル・テレフォン・カンパニーの基幹幹線を譲り受け、ウェイリーブ権を付与するにあたってはＬＣＣに拒否権を与えるという策を弄した。

こうした一連の流れにおいて、一八七四年から一九〇二年にかけて保守党と自由党が交互に八回も政権交代を繰り返したが、こうした中にあっても電話通信に対する扱いに改善が見られることはなかった。

ＬＣＣの決議と違法地中線工事と新たな道路管理者の出現

ナショナル・テレフォン・カンパニーと郵政省の合意は一八九四年八月に文書化され、協定草案が議会に提出された。しかしながら、この協定草案は議会の一部議員の反対運動に遭い、棚上げになった。協定草案は翌年以降に提出されることになり、二年後の一八九六年三月になってようやく締結された。

協定が締結されたことを受け、ＬＣＣでも一八九七年六月に決議がなされたが、決議後に付け加えられたものがあった。それはＬＣＣに電話料金を決定する権限を与えるというものであり、ナショナル・テレフォン・カンパニーにとっては受け入れる余地のないものであった。

しかしながら拒否権を有するＬＣＣは、絶対的優位に立っていた。電信法一八九二では拒否権がＬＣＣだけに与えられたものではなかったので、各電話事業者に対し拒否権を盾にした行為が全国的になされ、協定はわずかしか成立していない。

いっぽうナショナル・テレフォン・カンパニーは、決議がなされたことを根拠に地中線工事に着手した。しかしながらこれは見込工事であり、あきらかにフライングであった。さらに地中線工事が継続されたため、郵政省は違法性を指摘し工事の差し止めを求めた。

こうしたさなかの一八九九年にロンドン・ガヴァメント法（62＆63 Vict, c.14）が制定され、一般の公道管理はＬＣＣから二十八の自治区に移管されたが、主要道の管理はＬＣＣのままになっていた（第四条）。

ナショナル・テレフォン・カンパニーは新たに道路管理者を務めることになった幾つかの自治区協議会と協議し合意を得たので、地中線工事を継続した。しかしながら、この工事は郵政大臣とＬＣＣの同意を得ていなかったため、電信法一八九二に抵触していた。

新たな電話事業システムをロンドンに構築しようとしていた郵政省は、この違法状態の地中線工事を差し止めようとし、一九〇〇年二月十三日に法務大臣から提訴させた。

そして法務大臣は一九〇〇年七月二十四日に、ナショナル・テレフォン・カンパニーの地中線工事を永久に差し止める命令を出した。

地中線工事を差し止められた電話会社に代わる郵政省の地中線工事と財政出動

郵政省は二十世紀を目前にして、著しく増大する電話需要を目の当たりにしていた。こうした状況下において郵政省は、最終の免許更新時（一九〇四年の十二月三十一日）に最初の免許交付時に付した条件の二者択一（自らが電話事務所を設立する、あるいは電話会社を買収する）の結論を迫られていた。

一九〇一年十一月十八日、郵政大臣はナショナル・テレフォン・カンパニーとの間で、重複する施設を回避することや無駄な競争を止めることで合意した。そして通話できなかった互いの電話回線を相互に通信できるようにした。そのうえで地中線工事を差し止められたナショナル・テレフォン・カンパニーに代わり、郵政省が地中線工事を担うことにした。

さらに郵政大臣は議会に電信法一八九九（62&63 Vict, c.38）を承認してもらい、二百万ポンドの財政支出を可能にした（第一条）。こうして資金が確保されたことで、郵政省はロンドンの電話サービスを展開するために電話交換システムに着手し始めた。

郵政大臣はロンドン地区（六百四十平方マイル）にある郵政省所管の架空線を地中化すると発表したが、これは一辺の長さが約四十一キロメートルの四方で囲まれた内側にあたる。それほど大規模な地中線工事を実施することにした。今まで議会の特別委員会で何度も地中線方式を価格差から拒否し続けていたが、一転して地中線にすることにした。

このことがロンドンにおいて上空を覆いつくした架空ケーブルを撤去する最大の機会になった。国会議事堂とイングランド銀行との距離が約三キロメートル強なので、如何に広域な区域の架空線を撤去しようとしたか分かる。

この政策転換については理由を明示したものはないものの、電燈事業ではマリンディン報告を受け架空線を地中線に移行させたことや、著しく増大する電話需要に対応すべきケーブル数が多すぎることから、「やぐら」を介した架線方式では敷設することが技術的に不可能になったことがあったのではないかと想像される。日本でも東京都港区では、高層ビル街において電話線や電力線の単独地中化が実施されているのと同じ状況にあったものと考えられる。BTの保有する道路における地中線工事の写真をみてみると、多数の鉄管が歩道下や車道下に埋設される状況が写っており、サザーク橋では海底ケーブルが鋳鉄管に代わり木板の下に多数敷設されている。こうした著しい需要増に対処する方法は、地中方式しかなかったと判断される。

一九〇二年三月一日には、一四、〇〇〇回線の接続が可能な中央電話局（シティをカバー）を開設した。そして多くの自治区をカバーする電話局が開設された。

しかしながら郵政省が実施した地中線工事はあまりに急に実施されたため、多くの自治体との間で軋轢を生んだ。郵政大臣は法的妥当性を有しており、拒否された場合には電信法一八七八で訴訟権限も手に入れていたが、各地方自治体の対応はきわめてゆっくり進んだ。なかには協議が整うまでに十二か月もの日時を要する案件まで見られた。道路管理者から拒否される事案も発生したが、郵政大臣が直ちに訴訟を起こすことは少なかった。

電話事業の国有化（一九一二年）と無駄な投資

郵政省は巨額の投資をして架空線を地中化する方針を定めたことから、郵政大臣が電話会社を買収することは必然になった。そのため郵政大臣は電話会社と協定を結び、資産を評価し接収することにした。そして協定は一九〇五年二月二日に調印された。こうして電話事業は資産評価などの手続きを経て、一九一二年に全面国有化された。

このように電話事業は裁判で電信事業の一種とされ、道路掘削権を認められず、ウェイリーブ権も与えられず、いたずらにビルの上を通過する架空方式で供給されてきた。そして郵政省は二百万ポンドを支出して電信線を含め地中化し、ナショナル・テレフォン・カンパニーは分かっているだけでも三百五十万ドルもの巨費を支出した。

裁判の判決によって電話事業は電信事業の一種となって翻弄され、その結果がロンドンの上空を覆いつくすほどの架空線を生み、需要増に伴う架空線工事や地中線工事において無駄に巨費を費やした。

共同溝に収容しきれないケーブル類と公道下の埋設工事

共同溝は道路掘削を行わないようにするための施設であったにも関わらず、あまりに増大する電話線の需要に応えるためのスペースを溝内に有していなかった。そのため電話線の敷設工事は、共同溝が設置された幹線道路でも次々に実施された。

クイーン・ヴィクトリア通りは、一八六二年にマンション・ハウスとブラック・フライアーズ・ブリッジ間を結ぶシティにおける主要街路として計画されたが、四十年の月日を経たときには、収容空間が水道管やガス管の口径増大と収容数の増加から手狭になっていた。

電燈線も入溝していたから、多条数の電話線を収容しようとしても収容しきれなかった。

共同溝という先見の明はあったが、爆発的な需要増（生活インフラ全てにおいて）に応えるだけの収容空間を持っていなかった。最初の共同溝が設置されたとき収容空間が狭いとの指摘があったがそのままにし、電燈線が入溝するときには底を50㎝ほど掘り下げて対処した。さらに時が進むと共同溝の収容スペースは余りに狭くなった。時代を先取りしたものの、想像をはるかに超える需要が発生したため、既存の共同溝では対処できなくなった。共同溝による地中埋設物の管理手法は優れていたが、あまりに時代を先取りし過ぎていた。

そして大規模な電話線地中化のためのダクト工事や多条数の鋳鉄管埋設工事が実施され、道路は再びニューサンスになった。ジョン・ウイリアムスは共同溝敷設によって「ニューサンス」を除去しようとしたが、輪をかけた「ニューサンス」が生まれた。

写真—6－1　建物上空を通過するケーブル

出典元：『The History of the Telephone in the United Kingdom』, 1925 年, p.242

写真—6－2　建物上空を通過するケーブル

出典元：『The History of the Telephone in the United Kingdom』, 1925 年, p.241

写真―6－3　オックスフォード・ストリートの巨大な「やぐら」

出典元：『Telephone Lines』, 1903 年, p.81

写真―6－4　巨大な「やぐら」の内側

出典元：『Telephone Lines』, 1903 年, p.80

写真—6－5　1909年における電話線用のケーブル敷設風景

出典元：「The National Telephone Journal」, Dec, 1911年, p.191

19世紀末から多くの架空電話線が地下に移されたが、1909年当時でも新たな架空ケーブルを敷設している路線があった。表紙に敷設写真を載せ口絵にも1890年代の「やぐら」写真を掲載したが、20世紀初頭になっても未だに構台と柱が残り、架空ケーブルも架線されていた。

写真―6－6　堅牢な「やぐら」構台

出典元：『The History of the Telephone in the United Kingdom』, 1925 年, p.428

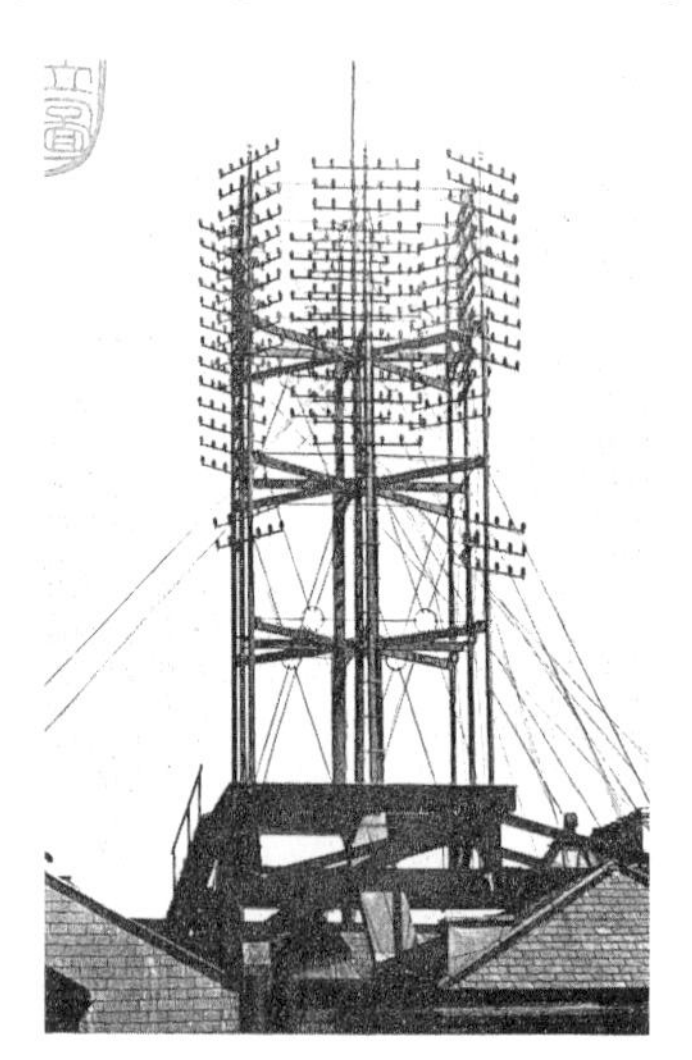

写真―6－7　1894 年の全方位的「やぐら」

出典元：『The History of the Telephone in the United Kingdom』, 1925 年, p.438

写真—6－8　火災後のロンドンウォール電話局

出典元：「The National Telephone Journal」, Jan, 1912年, p.216

火災で焼失した電話局の写真であるが、焼け残った「やぐら」と架空線、さらには電話局構内に引き込まれた多数のケーブル束が見える。

写真―6－9　パディントンにおける新しい電話局の建設現場

出典元：「The National Telephone Journal」, Jul, 1906年, p.75

建物のフレームの外側に既存の「やぐら」と架空ケーブルが見える。

写真―6－10　クイーン・ヴィクトリア通りの電話線敷設

出典元：「Royal Commission on London Traffic」, Vol.Ⅲ, 1905 年, Plate. LXXX Ⅱ

写真―6－11　テームズ堤防の電話ダクト敷設

出典元：「Royal Commission on London Traffic」, Vol.Ⅲ, 1905 年, Plate. LXXX Ⅲc

写真―6－12　クイーン・ヴィクトリア通りにおける電話線敷設

出典元：「Royal Commission on London Traffic」, Vol.Ⅲ, 1905年, Plate. LXXXⅢa

クイーン・ヴィクトリア通りには共同溝が敷設済であったから、収容しきれない電話線を埋設するために共同溝のアーチ状の天端を斫って、電話線収納のための鉄管を埋設するスペースを作っている作業中と思われる。共同溝の天端は舗装天端から土被りの少ない様子が見て取れる。また馬車が一列で走行しており、二列分のスペースがない。

写真―6－13　ヴィクトリア・エンバンクメントにおける共同溝

出典元：『The History of the Telephone in the United Kingdom』, 1925年, p.245

ヴィクトリア・エンバンクメントにおける共同溝の収容スペースに空きのない様子が見て取れる。

写真—6－14　電話線用のダクト敷設風景

出典元：『Telephone Lines』, 1903 年, 口絵

1900 年代になると、こうしたダクトや陶管さらにはチューブを直埋した。車道部には浅層埋設用のチューブを横一列に十条近く埋設した。

第7章　商務省の暫定命令承認で営まれた電燈事業

ガス燈が広く普及したなかで輸入されたアーク燈システム

英国人のハンフリー・デイヴィは一八一〇年にロンドンの王立科学研究所において、世界で初めてアーク燈を継続的に発光させる実験に成功した。しかしながらアーク燈を灯すために強力なボルタ電池と木炭を使用しており、実用化には程遠かった。そのため、均質な電流を供給できる発電機とランプの供給が求められた。この発電機に関しては、電信技術の発達に著しい功績のあったホイートストンも永久磁石を用いない自励式発電機を発明したが、彼の発電機では発生電流が安定しなかった。

それから六十年の月日が流れた一八七〇年に、ベルギー人のゼノブ・グラムはアーク燈用の誘導電流発電機を発明した。この発電機では発生電流が均質で、小型でしかも効率的であったから、多くの国で用いられることになった。

またアメリカ人のチャールズ・ブラッシュも発電容量の大きな発電機を発明し、一八七七～七八年にかけて行われたフィラデルフィアとボストンにおけるアーク燈の展示会において、最優秀賞を受賞している。彼の発電機は照明効率が高く、アメリカ市場シェアの八割を占めていたことから、英国にも導入された。

いっぽうランプに関しては、一八七六年にポール・ヤブロホコフがアーク燈のヤブロホコフ・ランプを発明し、グラム発電機と組み合わせたヤブロホコフ・システムを完成させ、七八年のパリ万国博覧会において、いくつかの通りに街燈を灯した。

こうしたことを受けたロンドン市の下水道委員会は、一八七八年十一月、イースト・エンドのノースドック横で開店したばかりのビリングス・ゲート魚市場に、十六燈ものヤブロホコフ・キャンドルを試験的に灯した。しかしながらコストがガス燈に比べ、あまりに高かったので不評であった。

続く七九年十二月十四日から翌年三月十五日までの三か月間にも、ガス燈に代わる新しい照明装置として、ホルボーン陸閘においてヤブロホコフ街燈を三十三メートル間隔で灯した。ホルボーン陸閘の歩道は狭く、そこに十六燈のヤブロホコフ街燈が設置された。しかしながらガス燈に比べ、七・五倍もコストがかかった。試験結果からみれば、アーク燈の光はガス燈より贅沢なものに映った。

ロンドン市とは別に首都建設局も、テームズ・エンバンクメントのウェストミンスター橋とウォータールー橋の間において、二十燈のヤブロホコフ街燈を百ヤード（91.44 m）の間隔に、高さ四十五フィート（13.72 m）のところに試験的に灯すことを承認した。

既に述べたように歩道でも車道でも電柱は障害物になることから、試験的であっても配電用の電柱を建てることは許されず、最初のアーク街燈は共同溝が設けられた街路で実施された。

この時点では会社法によって設立された事業者は道路掘削権を手に入れておらず、自家発電機による配線は共同溝の排水ドレーンを通じチューブに入れて供給された。海底ケーブルが使用されたものと察せられる。ただし、道路管理者たる下水道委員会が許可すれば地中埋設することは可能であった。

これらの発電機やランプを輸入したのは、一八七八年十月に会社法で設立したブリティッシュ・エレクトリック・ライト会社や、七九年の一月に設立したアングロ・アメリカン・エレクトリック・ライト会社などであった。

議会における特別委員会の設置

様々なアーク燈の発電システムが英国に導入された一八七九年四月に、アーク燈を念頭においた電燈事業について、議会に特別委員会が設けられた。

委員会は十回開催され、科学者など二十四人から意見を聞いた。

この頃には既にスワンやエディソンの白熱電球が存在していたが、議会ではもっぱらアーク燈という照明システムに関する議論がなされた。

最終案では、

① ガス燈の灯りは十二燭光であり、アーク燈の灯りは千六百燭光である。現段階では明るすぎて一般家庭に利用される段階にない。将来的に発展すれば、公衆にとっても個人的にとっても大いに利用されるものになると思われる。

② アーク燈は、パリではパブリックホールや劇場や駅など広い場所に用いられている。イングランドでも最近、広い場所で使われるようになった。白色の光（ガス燈はオレンジ色）はカラフルな色を演出するので、夜間照明としては満足する結果になっている。通りの照明にも試験的に導入されている。

③ アーク燈の照明コストはガス燈の数倍高くつくので、ガス燈と競合しうる段階にない。大規模な発電容量がない中では家庭に普及するには至らない。

④ 現時点では電燈供給のための発電システムが存在しないので、電燈事業のための法規制を必要としない。

⑤ 現時点では地方自治体が街燈用か公共用の照明燈のために電線を敷設する権限を有していないので、実施する場合には大きな権限を与えるべきである。また電燈線を電信線に近接させると誘導電流が生じるので、郵政省の電線に近づけてはならない。

⑥ ガス会社が照明事業をおこなうと独占が起こるので好ましくない。ガス会社が技術的に異なる照明事業に乗り出すべきではない。

⑦ 電燈事業を営む私企業は、地方自治体の承諾なしには道路掘削権を得てはならない。

⑧ 私企業が中央発電所方式で家庭に電燈供給をおこなう場合には、利益を公衆に還元すべきである。

⑨ 電燈事業は地方自治体が優先的におこなう権利を有するべきであるが、私企業が実施してもよい。ただし、私企業の営業期間は投資額の回収に必要な期間に限定し、発電システム

を強制的に買収できるようにすべきである。

などが記された。

議論では、「個人が発電機を購入し、自宅のみならず近隣の所有者に電燈供給する場合、窓から道路の反対側に架空線で供給することはニューサンスになる。架空電信線がときどき切断し、人々の頭に落ちている。これは慣習法におけるニューサンスとしての一般的特質にあたる」との指摘がなされた。電圧の高い電燈線における断線は、人命にとって危険なものであった。

ガス燈（十六燭光で比較）は電燈よりはるかに安価であり（価格差は二・五〜三・五倍）、都市ガスシステムが高度に発達していたから、出力の高い発電機による安価な供給が出来ない限り、電燈事業に勝ち目はなかった。

エディソン電燈会社による白熱電燈の供給

新規参入のエディソン電燈会社（以下、エディソン会社）は英国議会の特別委員会における審議から二年後の一八八一年暮れに、ロンドン市下水道委員会とホルボーン陸閘における中央発電所建設について協議をおこなった。エディソンは既にガス事業に対抗できるとした電燈供給システムを完成していたので、翌年一月十二日にシティのホルボーン陸閘において発電を開始した。彼の見積書では、十二分にガス燈に対抗できることになっていた。ニューヨーク市の金融街にも中央発電所が設けられていたが、ホルボーン陸閘の中央発電所が世界最初の稼働発電所になった（National Museum of American History: William Hammer Collection）。

ホルボーン陸閘では接続街路を含め共同溝が設置されていたから地下配線に苦労することもなく、ビルの地下室に設置したジャンボ発電機（低圧直流）によって、陸閘に面したホテルやシティ・テンプルさらに各建物に、計九百三十八燈の白熱電球を供給した（「The Electrician」, Apr. 22.1882,p.368 にプラン図あり）。配電計画では、中央郵便局に五十燈供給することになっていたが、中央郵便局は共同溝が敷設されたオールド・ベイリーから離れており、中央郵便局までの配線ルートが地中線方式だったのか架空線方式だったのか判然としない。

またエディソン会社は公道照明として、無料で三か月間の白熱電燈を提供した。その後も六か月間はガスと同じ料金で公道を照らした。エディソン会社が使用した白熱電球には、Aランプ（十六燭燈）とBランプ（八燭燈）の二種類があった。

シティ・テンプルでは従前七百ものガス燈が灯されていたため、その発する熱量の影響がとても大きかった。それが熱を発しない百七十という数の白熱電球（大半はAランプ）に代わったことで、臭いや熱量といった負の面がなくなった。この影響は人びとにとって、とても大きかった。

さらに当時におけるガス燈と電燈の経済比較は、石炭の消費量で計測していたから（エディソン発電機は石炭を燃やしてボイラーを焚き、そのスチームを利用）、発電方式の違いによって石炭の消費量に差が生じていた。

ロンドン市下水道委員会は、当初から電燈料金をガス燈と同じ価格にすることにこだわっていたから、エディソン会社のホルボーン陸閘における白熱電燈供給を興味深く見守った。

投資家たちはエディソンの発明に賛意を示し投資をおこなった。そしてエディソン会社は地区全体に白熱電燈を供給するために、地下掘削権を求めた（当時の米国では架空方式で供給できる契約になっていた）。そのため特別法の取得が必要になった。

電燈事業法案の審議と法における規制

アーク燈という余りに明るすぎる灯りに代わる白熱電燈事業の進捗は、多くの電燈会社設立法案（二十六）となって現れ、商務省は一般法としての電燈事業法を作成する必要に迫られた。そのため一八八二年四月に商務省から法案が議会の下院に提出され、特別委員会が設置された。同時に、それまでに提出されていた電燈会社の個別法案（二十六）も一緒に審議された。

この席には八社の電燈事業者（二社がガス燈事業者）が参考人として呼ばれた。委員会は十四回にわたり開催された。

当該委員会は電燈事業に関する一般法を制定するために設けられたものの、一般法のための素案作成委員会と云うより、事業者に規制をかけるための法案作成委員会という性格を持つことになった。それは一八七九年の委員会で議論された、公益事業の担い手論争に収斂されたためである。

特に電燈事業を営む会社には、ガス燈会社を排除すべきという意見が大半を占めた。それは照明事業が独占されることへの畏怖であり、ガス事業と電燈事業は技術的に異なることにあった。

同時に審議された個別法案には四種類の法案があった。こうした法案はガス工事約款法の条項を電燈事業に用いていたことや、電燈事業の新規条項を盛り込んでいないなど、法案として不適切なものが多数を占めていた。そのため、多くの個別法案による議会承認を改善するうえでも、一般法としての電燈事業法が必要になった。

十回目の五月二十五日の委員会では、委員長から電燈事業を商務省による認可制にし、認可期間を五年とする案など十五項目が示され、採決がなされた。

また委員長の提案には、商務省の認可方法に免許と暫定命令があった。認可と暫定命令の違いには、地方自治体の同意の有無と有効期限と公共施設照明の有無の三項目があった。

特別委員会の結論を受けた議会は、同年に電燈事業法[注一]（45&46 Vict, c.56）を承認した。

主だった点としては、

・商務省が認可の権限を握り、免許の承認は地方自治体の同意を得たうえで商務省がおこなう。免許の期間は七年とする。免許による照明は、街路や公有地さらには公会堂や劇場などを目的にする（第三条）。

・暫定命令による認可は地方自治体の同意を必要としないが、商務省と議会の追認を必要とする（第四条）。

・特別法による認可は議会に提出して議会承認を得るが、規制は電燈事業法に依る（第五条）。

・地方自治体は商務省の承認のもと、条例を制定する（第六条）。

・電燈線は安全面から道路管理者の同意が得られた場合を除き、地中埋設とする。また上空の電線が一般公衆に危険を及ぼす場合には、地方自治体の指示にしたがい移設させる（第十四条）。

・地方自治体は強制買収条項（二十一年期限）により、事業を買収可能とする（第二十七条）。

電信事業では公道における地中埋設を基本とし、地中埋設ができない場合には建物の上空を通過させる方法を採っていた。電燈事業法では、この架空方式を採用した場合でも大衆から危険性の指摘を受けた場合には、地中線に移行させることが盛り込まれた。

また個別法の電燈会社設立による道路掘削権ではなく、電話事業と同様に商務省の認可（免許と暫定命令）を受け、地方自治体が条例を制定することで道路掘削を可能にした。

今までの議会制定法にはない手法を電燈事業法に採用することで、議会手続きを簡素化しようとしたまではよかったが、商務省は認可にあたって事業者に対する厳しい措置を盛り込んでいた。

暫定命令による議会承認

綿貫芳源によれば、「暫定命令は中央行政官庁が議会の承認を経て地方団体に権限を付与する形で一定の行為を命ずるものとされ、十九世紀まで存在しなかったもの」とされる。

電燈事業法一八八二では多額の費用を出して個別法を申請するより、商務省による免許か暫定命令にしたがい事業を営む方が、費用的にも時間的にも負担が少なかった。少なくとも、そう考えられた。

ただし、免許を受けるには地方自治体の承認が前提になっており、地方自治体が電燈事業を営む意思がある場合は免許が承認されなかった。さらに免許による事業は公共空間のための照明であったから、民間事業者が免許を取得することは想定されにくかった。

そのいっぽうで公共空間の照明用に、ヤブロホコフ電燈を望む地区が存在した。ストランド・ディストリクトは自治区としてヤブロホコフの実績（テームズ・エンバンクメントの街燈）を評価し、免許によるわずか七年間の公共電燈事業を求めた。会社も七年後に免許更新をしない前提でディストリクトと合意しており、免許の取得を希望した。しかしながら商務省はヤブロホコフ電燈会社の免許申請を認めず、ストランド・ディストリクトの要望は実らなかった。

暫定命令承認法案における審議とエディソン会社の行く末

商務省から免許や暫定命令を承認してもらう前提として、発電所建設等のために多額の授権資本金を用意することが義務付けられた。さらに二十一年後には、強制買収される恐れがあった。この二十一年間が過ぎると、地方自治体による買収価格は減価償却後の設備費用のみがカウントされる仕組みになっていた。多額の初期投資が必要な電燈事業に投資しても、二十一年後にはスクラップ同様の金額にしかならないシステムでは、投資する資本家はいなかった。

そのため電燈事業法一八八二が制定されてから数か月の間になされた百六件の暫定命令申請は、商務省の審査によって六十九件のみの認可に止まった。議会に諮られた六十九件の申請は十一のファイルに分けられたうえでファイル毎に審議された。商務省が認可したものを議会が審議し承認したのであった。

一八八三年七月になされた下院における特別委員会では、NO.1,4,5,6,8 の五件のファイルが提出され、審議が七回なされた。

審議内容をみてみると、各電燈会社には電燈供給エリアや供給の形態、発電設備、地図、価格、公示、資本、送電線の埋設期限などを詳細に記した申請書類が求められた。

商務省の方針として、電燈供給区域をディストリクトのパリッシュ毎にしており、通りや橋などが境界になっていた。そのうえで二十一年間は同一事業者が電燈供給できることにしていた。

商務省は供給エリアを限定し独占させるつもりであったし、価格も事業者毎に異なっていた。また価格設定にあたっては、ガス事業のような価格スライド制を採用していなかったし、アーク燈の明るさや供給時間もそれぞれ異なっていた。

供給にあたっては、ガス工事約款法一八七一で義務付けられた規定と同様に、メイン管から二十五ヤード以内の個人購入者への供給と、五十ヤード以内の公共照明への供給を求められた。さらに電燈使用量に関するメーター設置もガス工事約款法に準じる扱いが義務付けられた。

この特別委員会には、NO.8のファイルのなかにストランド・ディストリクトにおけるスワン・ユナイテッド電燈会社の申請があった。申請書には五十ヤード毎の照明装置の設置（第四十八条）が盛り込まれていた。またエディソン会社は一つの暫定命令承認を受けていた。

ところがエディソン会社とスワン・ユナイテッド電燈会社は白熱電球にかかる特許権が混在していたため、電話事業のように裁判を避け合同会社となり、新たな会社として六つの暫定命令に関する承認申請を同年におこなった。

この審議では、ストランド地区における商務省の恣意的な対応（ヤブロホコフ電燈会社の申請を受け付けなかった）が問題視されたものの、翌八四年にエディソン・アンド・スワン・ユナイテッド電燈会社だけの暫定命令承認法Electric Lighting Orders Confirmation Act,1884（47 Vict, C.xiv）が成立した。

供給エリアにはスケジュールAとBがあり、Aは直ちに着手するエリア、Bは二年以内に供給するエリアになっていた。さらに承認書が届いてから一年以内に資本金が調達できない事業者は、清算に追い込まれることになっていた。

エディソン・アンド・スワン・ユナイテッド電燈会社は一八八四年十月二十日に設立されたが、商務省から求められた百万ポンドもの巨額の資本調達ができず、各パリッシュへの供給をあきらめ事業方針を変更し、ヴィクトリア駅とホルボーン駅の照明に電燈供給した。しかしながら電燈供給にかかる支出が収入を大きく超えて赤字になり、ヴィクトリア駅への一部照明を残すにとどまった。駅だけに電燈供給するのであれば、自家発電方式でも十分に賄えた。そして一八八六年七月に、一通の電報によって電燈事業を打ち切った。

会長のジェームス・ホーブスは一八八六年の改定・電燈事業法案を審議した特別委員会に参考人として招聘され、次のように証言している。

「ホルボーンに中央発電所を建設し、駅とディストリクトに電燈供給する予定であった。ヴィクトリア駅への照明には一万六千ポンドで実施できた。しかしながら六つの暫定命令で求められた授権資本金（百万ポンド）の調達に応じる資本家はおらず、資本の調達ができなかった」と。

大々的に中央発電所をシティの中心地に設置し白熱電燈を宣伝したものの、米国と違い電燈事業法の規制条項によって賛意を示した資本家達は手を引いてしまい、英国におけるエディソンの電燈事業は他国とは全く異なる結末を迎えた。

郵政省の技師ウイリアム・プリースは同委員会において、一八八四年の秋に米国に出向いて主たる都市の中央発電所を視察したことに触れ、米国における電燈事業の普及（中央発電所方式の直流低圧送電による近距離供給システムと街燈照明）の優れた点を指摘した。

しかしプリースは、中央発電所が市街地の中心にあることによる障害（発電機による騒音や振動さらには煤煙や石炭配送車による交通渋滞など）には一切触れなかった。また米国における中央発電所方式と自家発電所方式の相違についても言及しなかった。米国ではガスシステムが高度に発達していなかったから、中央発電所方式による電燈であっても、ガス燈との価格差が殆どなかった。そのため臭いや熱や火災の危険性などを考慮すれば、電燈事業の普及は当然の成り行きであった。

軒先にわずか三燭燈の明りが灯ったガス燈に始まり、八燭燈の明りが室内を照らし、それが十六燭燈の明りとなって広くガス燈システムが完備したなかで、白熱電球はロンドンに登場した。中央発電所方式でも白熱電球の明るさは、ガス燈の半分の八燭燈（三十二ワット）が主であった。それでもオレンジ色のガス燈にくらべ昼間のような明るさであったから、コスト差が縮小すれば電燈事業が本格導入されるのは明らかであった。しかしながら英国においては、諸外国と異なり電燈供給が本格的に実施されるのは大量発電・広域供給をおこなう企業の出現まで時間を要した。

法規制を免れた個人事業者の上空占有

電信法では、特定の個人間でやりとりされる電報通信を規制しなかった。それと同様に、電燈事業法も個人が特定の人々を相手にした電燈を規制しなかった。そうした個人相手のものは法規制の対象ではなく、条例で規制すべきものとの立場であった。そのため建物の地下室などに自家発電機を設置し、壁伝いから屋上を渡し明りを提供する者が多く出現した。

こうした個人事業者（電信や電燈）は、道路管理者の同意や監督官庁の規制をまったく受けることなく事業を営むことができた。電燈事業では、こうした架空方式を marauding system と云う名称で呼んでいたが、言葉のように「ある場所から盗むとか掠め取る」と表現される方法であった。

この方法では商務省が関係しないものの、公衆にとってニューサンスになった。特筆される個人事業者としてはクーツ・リンゼイ卿が挙げられる。彼は一八八三年にウェスト・エンドにあるニューボンド・ストリートの所有する画廊に自家発電装置（交流式）を設置し、近隣に電燈を供給する事業に乗り出した。画廊の地下室で自家発電し二千ボルトで送電し、供給先に変圧器を設置し、電圧を下げて電燈供給する最新鋭のシステムを採用した。

しかしながら二年後の一八八五年暮れに満を持して自家発電したところ、機械的な故障が多く発生した。そのためリンゼイ卿は、電気技師のセバスチャン・フェランティを雇い入れた。このことがリンゼイ卿の電燈事業を飛躍的に拡大させる契機になった。フェランティは最新鋭の発電機や変圧器などに改良を加え、発電所の操業を軌道に乗せることに成功した。

リンゼイ卿の事業は道路掘削権を有していなかったので、屋上の柱を介した架空方式で供給した。そのため電燈線は架空電話線や架空電信線に誘導電流の被害を及ぼし、多くの通信障害を引き起こした。それでもリンゼイ卿の事業は法違反をした訳ではなかったので、彼の電燈事業は継続され電燈供給エリアが拡大された。

事業規模が拡大したことで、リンゼイ卿の事業は一八八七年にリンゼイ卿も出資して設立されたロンドン電燈供給会社（以下、ロンドン会社）に引き継がれた。

フェランティは大規模なエリアに供給するために、稠密に暮らす市街地の中から発電所を六マイル離れたテームズ川南岸地域のデッドフォードに移す計画（デッドフォード・プラン）を作成した。中心部は彼の計画する大規模発電には向かなかった（石炭ススや騒音や振動、ボイラー用の水問題など）。

このプランを実施するにあたってフェランティは、郊外から一万ボルトの高圧で送電する同軸ケーブルの開発、同軸ケーブル同士を接続する特殊技術の開発、一万ボルトの電圧を二千四百ボルトに下げる変圧器の開発など、多くの難題をみずから解決した。

とりわけフェランティの優秀さは、エディソン・システム（千〜二千ボルトでの直流送電方式）が世界的に主流であった時期に、一万ボルトという高圧電流（交流）で送電し市街地で二千四百ボルトに変圧し、需要家には百ボルトで供給するという世界でも例を見ない今日的な発電システムを考え、そのための技術を開発したことにあった。ガス事業の営業方法に倣った事業展開（遠距離の大規模輸送）を行おうとした。

こうしたことから一八八九年の四～五月にかけて実施された、商務省の「メトロポリスにおける暫定命令制度に関する調査」（以下、マリンディン報告）では、多くの自治体や学識者や科学者さらには教区会の書記に至るまで、デッドフォード計画に関して意見を述べ、多くの時間が割かれた。それほどデッドフォード計画は、事業者間においても未知の手法であったし脅威でもあった。

フェランティは発電用の燃料である石炭をテームズ川から船で運搬し、ボイラー用の水も格安に確保し、そのうえ市街地では問題になる発電機による振動や煤煙さらには近隣へのニューサンスも生じさせないような発電候補地を選定していた。

特筆すべき点は画廊から六マイル以上離れたところから、各鉄道会社（ロンドン・ブライトン鉄道、ロンドン・チャタム・ドーバー鉄道、サウスイースタン鉄道、メトロポリタン・ディストリクト鉄道）の敷地内に、送電用ボックス（図―7―4に示す：一万ボルトの同軸ケーブルを収容）を五マイル設置し、市街地の画廊を変電所に改造しそこで二千四百ボルトに電圧を下げ、各家庭には百ボルトに下げて電気を供給するという離れ業をおこなった。しかしながら、各家庭への供給方法は架空方式であった。揺籃期を抜けた電燈事業は、フェランティによって拡大する可能性を秘めていた。

ロンドンにおいて五マイルもの長さに亘る道路掘削をするためには数多くの地方自治体の承認を得る必要があったが、フェランティは道路管理者の関与を一切必要としない方法（鉄道敷地を利用）を採った。しかしながらリンゼイ卿の設置した架空線（二千四百ボルトの送電線など）は未だに残っており、マリンディン調査時の意見聴取においても、数多くの指摘を受けることになった。

電燈事業法一八八二の修正法案

電燈事業法一八八二が成立してからまもなく強制買収条項を改定するよう求める声が高まり、一八八六年四月に三つの修正法案が議会に提出された。

そのため議会に特別委員会が設置され、学識者などから意見聴取がなされた。

修正法案には、
① 強制買収条項を三十年にする案
② 強制買収条項を四十二年にする案
③ 強制買収条項を廃止し消費者保護のための価格制を導入する案
の三案があった。

レイリー卿は、この強制買収条項を廃止し価格と配当にかかるスライド制を導入すべきと提案したが、これは電燈事業とガス事業を同一の条件で競合させるねらいがあった[注二〇]。

審議に出席した郵政省の電気技師であったウイリアム・プリースは、リンゼイ卿の架空方式を「グロヴナー・ギャラリー・システム」と称し、「この架空方式での電燈事業を許していれば、早晩、ニューサンスになり通りは外観を損ねたものになる。郵政省所管の架空電線類もこの電燈システムで大きな被害を被っている」と述べ、架空送電線による誘導電流の弊害を指摘した。

マセソン商会のジョン・マクドナルドは率直に、「一八八二年法の二十七条（二十一年後の強制買収条件）によって、電燈事業への投資が遅れた」と指摘した。

商務省の常任書記であったヘンリー・カルクラフトはガス事業を引き合いに出し、「ガス事業が出現した際にも新しい事業であり、事業が進捗するのか見極めが難しかった。政策の失敗もあったが、結果としてガス事業は大きく進展した」と述べた。

当初のガス事業では需要家から短距離にガス工場があり、少数の需要家に配管してガスを供給した。そして需要の増大にあわせ近距離のガス工場が数多く設置され、そのうえで大規模なエリアにガスを供給するための事業所が誕生するという過程を経ていた。そのため商務省は、このガス事業での経験則を電燈事業にも適用できると考えていた。

しかしながら決定的に異なることは、ガス事業では地方自治体に強制買収条項を付与していなかったことにある。電燈事業では地方自治体に適用する強制買収条項があり、その裁量権は商務省にあった。それはあたかもガス事業を保護するような形態になっていた。

さらに商務省のヘンリー・カルクラフトは、「電燈事業も経営の危険性は企業が負い、成功すれば公衆が利益を得る。そうでなければ企業は電燈事業に乗り出す必要がない。地方自治体が電燈事業に乗り出さなければ、電燈事業の普及が遅くなるだけだ」と述べている。ここに商務省の本音が示された。電話事業と同様に、商務省は電燈事業でも先見性のなさをさらけ出した。

そして委員会は、次のような結論を出した。

① 強制買収条項は存続させるのが望ましい

② 強制買収の期限を二十一年から四十二年に延長する
③ 免許に求めた地方自治体の同意を暫定命令にも適用する

特別委員会を経た法案が上程された議会は、電燈事業法を改定しなかった。

しかしながら二年後の一八八八年には、世界的な電燈事業の技術的進歩が確認されたことから再度、修正法案が議会に提出され、ようやく電燈事業法一八八八（51&52 Vict, c.12）が承認された。

この修正法では、
・暫定命令でも地方自治体の同意が必要になった（第一条）。
・強制買収条項を二十一年から四十二年に延長した（第二条）。
この結果、強制買収期間の延長を受けた事業者は、当面の強制買収条項を気にすることなく事業に取り組むことが可能になり、資本家も本格的に投資し多くの事業者が認可申請をした。

マリンディン調査報告

多数の暫定命令申請を受けた商務省は、一八八九年の四〜五月にかけてメトロポリスを対象にした事業認可申請を調査した。

このマリンディン報告では結論として、次のようなことが記されていた。
① 一八八三年のスキームではメトロポリスを二つの区域に分けていたが、メトロポリスをひとつの地域として考えるべきである。暫定命令においては道路掘削や小売価格などをメト

ロポリス全域で統一するのが望ましい。
②架空方式で送電されているケーブルは暫定命令の認可後、二年以内に取り除くべきである。
③既存の共同溝がある街路や将来において共同溝が設置されるところでは、送電幹線を共同溝に移すべきである。
④自治体はみずから電燈事業を営む意図を示さない限り、事業者の求めに反対してはならない。
⑤事業者や地方自治体は電燈事業に関する法的権限を有するのみならず、法的責任を有する。
⑥地域における電燈事業者数は二社に限定し競争させるのが望ましい。多数の事業者が参入することや一社が独占するのは好ましくない。ただしストランドとセント・メアリルボーンは別途とする。
⑦ロンドン市はメトロポリスの中でも特別に議会から認められた法制度を有しているが、電燈事業に関してはメトロポリス全域で統一したルールに従ってなされるべきである。
⑧電燈供給方式には交流方式と直流方式があるが、どちらが良いか判断できない。
こうしたコメントを発した。

その結果、marauding system によって事業を営んでいた事業者は、暫定命令承認法で事業認可を受けるにあたり、二年以内の架空線撤去を求められることになった。

電燈事業法一八八八およびマリンディン報告を受けた暫定命令制度

ロンドン会社は一八八九年に、議会の暫定命令承認法（52&53 Vict, c.clxxviii）によって道路掘削権を手にいれた。この承認法におけるショートタイトルは、Electric Lighting Orders Confirmation（No.2）Act, 1889 というものであり、ロンドン会社の名称は入っていない。この承認法には一八八三年の一括法案と同様に、ロンドン会社とウェストミンスター電燈供給会社（以下、ウェストミンスター会社）の二つの暫定命令申請が含まれていた。

ロンドン会社の承認法には、

・二年以内の架空線撤去（第十三条）
・道路における地中埋設権付与（第十八条）
・メイン線の共同溝への入溝（第二十一条）
・自治体の要求で、メイン線から七十五ヤード以内に設ける街燈への電気供給（第四十九条）

などが記されていた。

セカンドスケジュールには、命令書の発布から二年以内に電燈供給する街路名が記されており、該当する通りに面した需要家に供給することになっていた。

ロンドン会社は承認法を受け、メトロポリスの全域に電燈を供給する計画を立てた。またロンドン市下水道委員会との間で、シティの通りに五百ワットのアーク燈と百ワットのグローランプを供給する契約を交わした。

下水道委員会はマリンディン調査の聞き取りがなされるひと月前の三月に、ギルドホールにおいて電燈供給区域を三ブロック（中心部、西部、東部）の三つに分け電燈供給するスキームを作成している。計画では西部に三社、中心部に二社、西部に三社の事業者が電燈供給をおこなうとした（ロンドン会社はすべてのブロックに供給）。このため下水道委員会は、マリンディン調査が求めるメトロポリス統一方針に異議を唱えた。

またNo.2の暫定命令承認法に示されたロンドン会社とウェストミンスター会社では、五つのパリッシュ（St.Georgr, Hanover Squareなど）で競合することになった。マリンディン報告にしたがい、二社での競争が始まる。

しかしロンドン会社が電燈供給を始めてからわずか一か月後の一八九〇年十一月十五日に、変電所の画廊において火災が発生し三か月もの間、停電になってしまった。

需要家は次々に他の電燈会社に乗り換えてしまい、そのためロンドン会社の需要家は大幅に減少し、供給力は九千燈にまで減少した。それでも当該年のうちに三万六千燈まで回復したが、この間の停電は余りに痛手になった。ロンドン会社のmarauding systemの架空線は、停電時にすべて撤去された。

さらにロンドン会社は、フェランティに停電の責任を負わせ彼を解雇してしまった。世界的に例のない事業を遂行するときは、予期しない事象が発生する。ボイラーの耐熱性や高圧スイッチ系統など、フェランティでも対処できないものを致し方ないとしなかったロンドン電燈供給会社はその後、低迷期を迎えてしまう。

同様に暫定命令承認法（52&53 Vict, c.cxcvi）で成立したメトロポリタン電燈供給会社（以下、メトロポリタン会社）には、第十二条、第十五条、第十九条、第四十七条で前述の条文が記された。

その後における電燈供給の状況

電燈事業法一八八八とマリンディン報告によって、ロンドンにおける電燈事業は黎明期を抜け、二十世紀を目前にしてガス事業を脅かす存在になり始めたが、ロンドンでは直流方式と交流方式の二種類の方式が存在し、電燈事業が電力産業として本格稼働するまでには、なお時間を要した。高圧送電した事業者はもちろん一社しかなかった。

「マリンディン報告」による架空線撤去が暫定命令制度において明文化され、一八九〇年以降に徐々に撤去された。ケーブル電話線が次々に上空を覆う時期に架空電燈線は徐々にその姿を消した。

一八九〇年代前半の架空線と地中線の比率を見てみると、電燈事業の進捗状況と地中線への移行状況が理解できる。

表Ⅰ−７−２に示すチェルシーにおける一八九一年の架空線と地中線の構成比率をみると、次のようなことが分かる。

・郵政省では相変わらず架空線が主流で、地中線は十五％しかない。

・カドガン電燈供給会社（marauding system で設立）では、教区会の承認の下、メイン・ストリートに送電線を地中埋設していた。暫定命令承認を受けていないなかで、自治体の許可を受け地中線化を進めた。その結果、架空線と地中線の比率が半々になっている。さらにカドガン電燈供給会社は教区会の勧めで新しい会社に名義変更し、暫定命令承認法を受けた（54&55 Vict, c.ccxii）。当該社はその後、チェルシー電燈供給会社と合併し姿を消す。

・ユナイテッド・テレフォン会社では百％が架空線方式である。教区会は電燈会社と違い、電話会社の架空線を地中線にすることを認めなかった。それほど架空電燈線の危険性は大きかったと思われる。

・チェルシー会社とロンドン会社は地中線方式で実施していた。

表ー7ー3に示すチェルシーにおける八十年代末から九十年代前半までの電燈供給状況をみると、次のようなことが分かる。

・主たる電燈事業者はチェルシー電燈供給会社であり、ロンドン会社はわずかに二軒にしか供給できなかった。

・一八九四年になってもチェルシー地区における電燈供給軒数は五百程度に止まっている。年毎に百軒程度ずつ増えているが、ガスとの価格差は大きかった。

・カドガン電燈供給会社は合併によって姿を消している。

いっぽう、ロンドンにおける電燈供給区域図は九一～九五年にかけて作成されており、口絵に示したロンドンにおける一八九一年の電燈供給区域図から、次のようなことが分かる。

・シティには電燈供給がなされていない。

・電燈供給区域が全域においてなされ始めた。

・チェルシーでは、一部にしか電燈が供給されていない。

口絵に示した九三年の電燈供給区域図から、次のようなことが分かる。
・シティの中心部の通りに電燈が供給された。
・その他の地域では周辺部に電燈供給区域が拡大されている。
とりわけシティでは、年毎にメイン通りにおける電燈供給区域が拡大された。なお電燈供給区域図は毎年一月に作成されていたから、前年の成果が反映されている。

一八九〇年におけるロンドンの電燈供給ランプ数（八燭燈）をみてみると、二十六万ほどに達している。これは当時のニューヨーク市における電燈数を上回っていたとされる。ガスシステムが完備したなかにあってもニューヨーク市より電燈数が多かった要因は、ランプ数の三割強が自家発電だったことにある。パディントンのグレート・ウエスタン鉄道駅構内や多くのホテル、さらにはアラカルトオペラ座などにおいて、ガス・エンジンによる自家発電方式で電燈供給がおこなわれていた。価格差が大きくてもホテル等では、白熱電球の明りが好まれた。

その後、電燈供給はガスとの価格差が二倍程度まで下がるにつれ急速に普及したようであるが、変電所（二次発電所）における蓄電池や変電器などの技術的変遷とともに、電燈事業が市民に受け入れられるようになった過程については今後の研究課題にしたい。

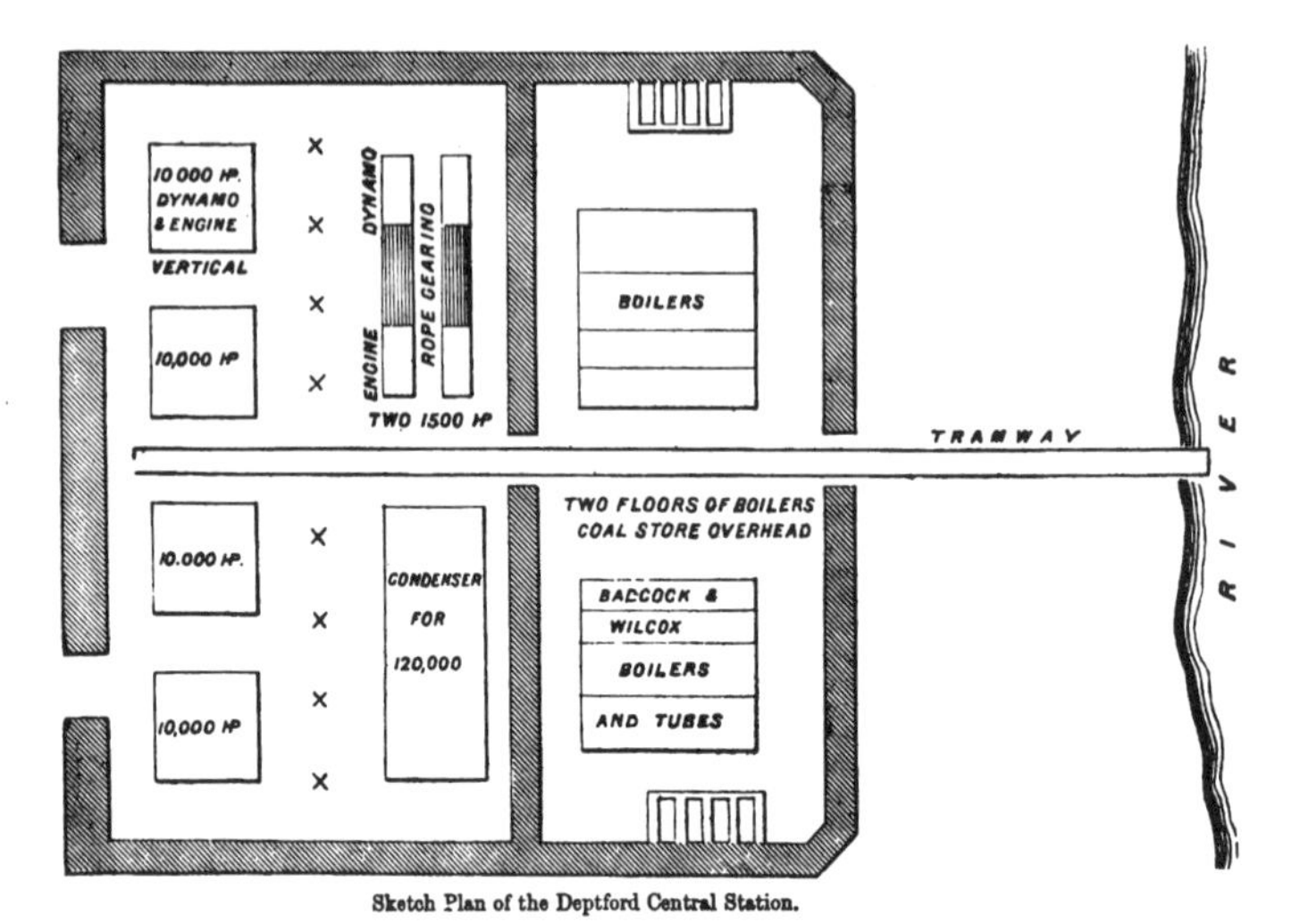

Sketch Plan of the Deptford Central Station.

図—7－1　　デッドフォード発電所プラン

出典元：「The Electrical Engineer」, 26 Oct, 1888 年, p.349

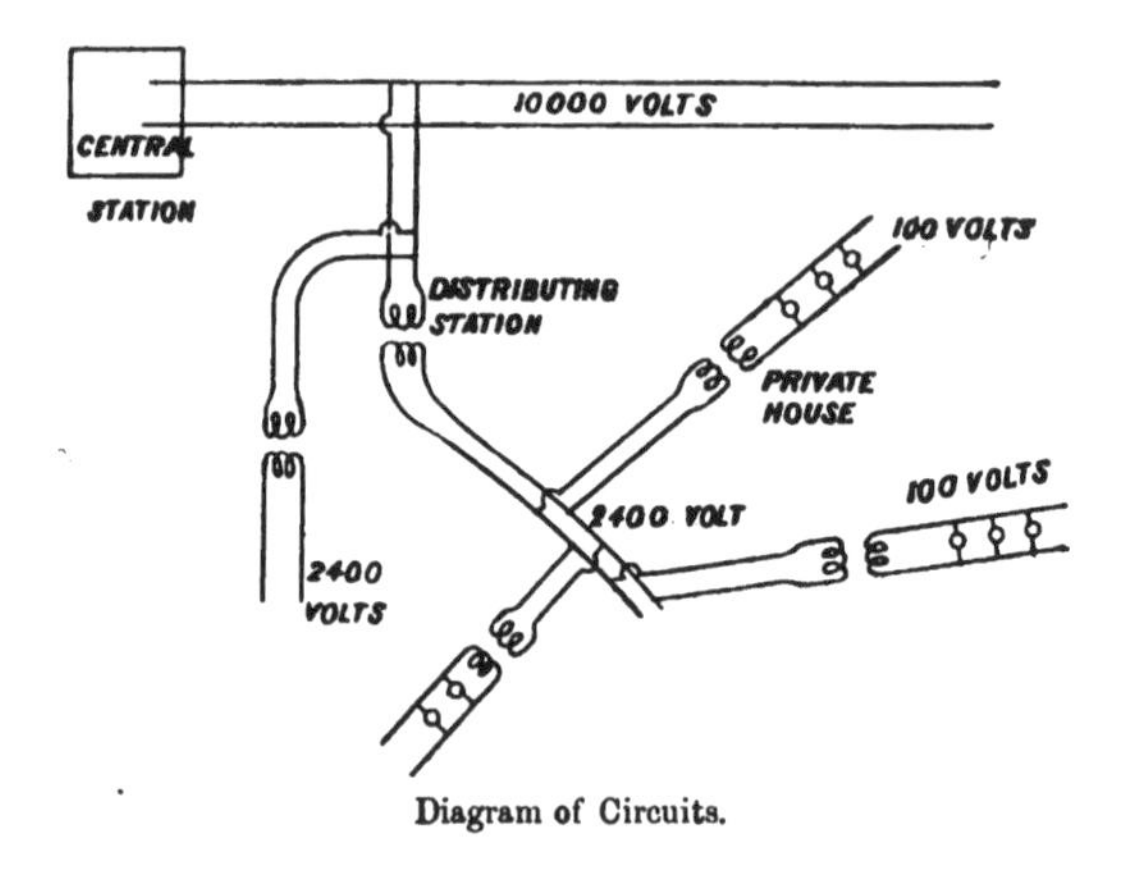

Diagram of Circuits.

図—7－2　　デッドフォードプランの配電方法

出典元：「The Electrical Engineer」, 26 Oct, 1888 年, p.351

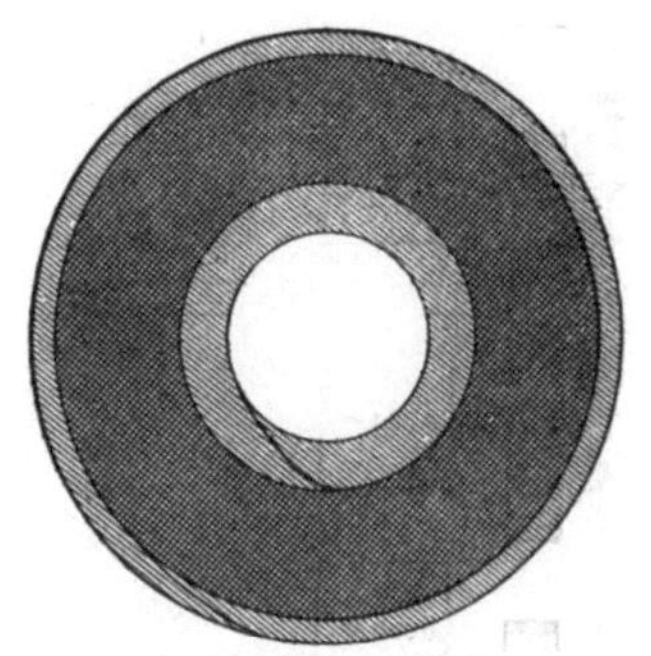

図—7－3　送電用 10,000V ケーブル断面図
二重構造になっており、蝋を浸み込ませた紙で絶縁していた
出典元：「The Electrical Engineer」, 26 Oct, 1888 年, p.350

図—7－4　フェランティの 10,000V 送電線収納函渠（鉄道敷地内用）
出典元：「The Telegraphic Journal and Electrical Review」, 19 Apr, 1889 年, p.421

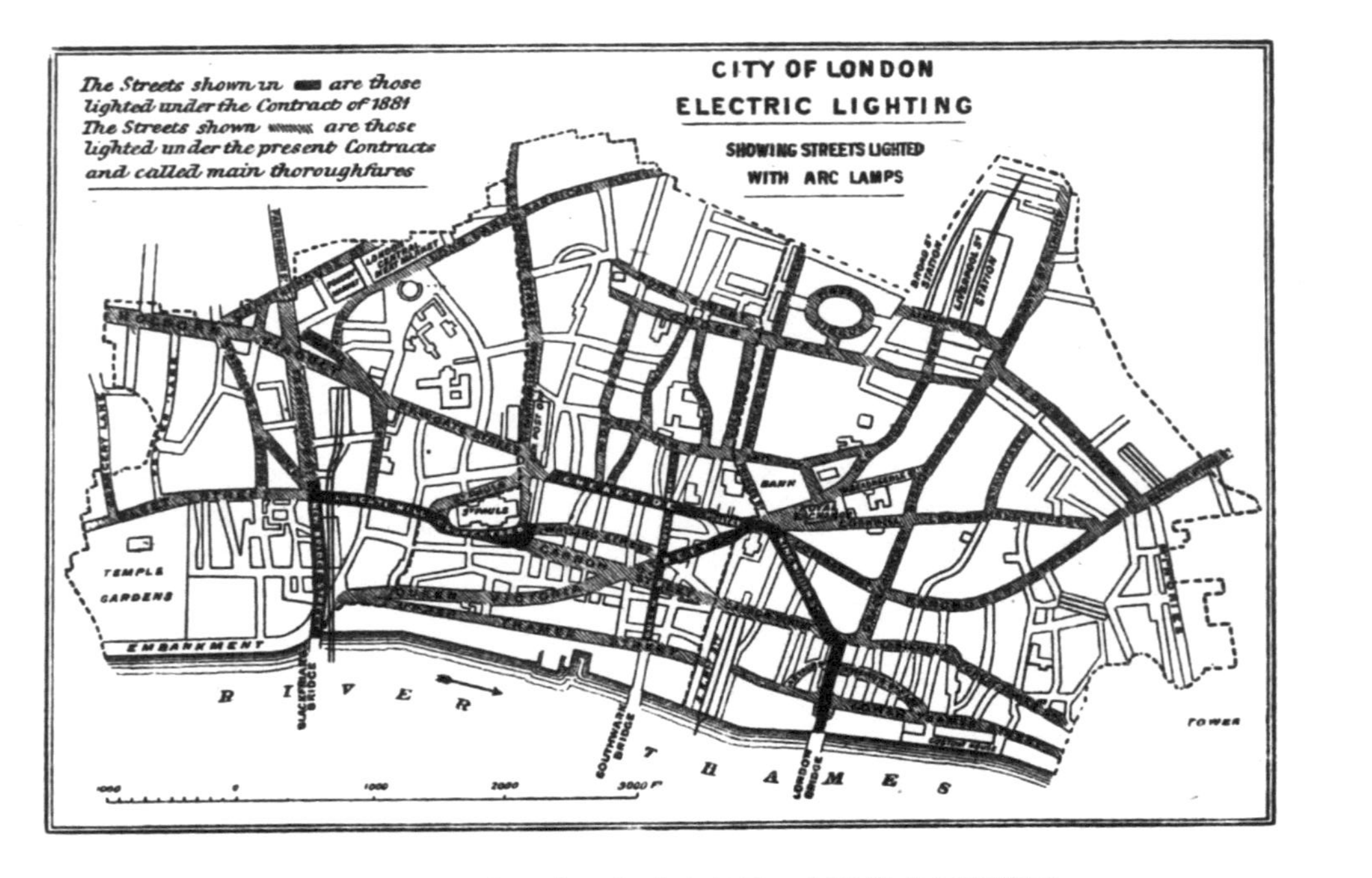

図—7－5　ロンドン市における各社の街路燈点灯路線図

出典元：「Journal of the Institution of Electrical Engineers」, Vol.xxiii, 1894 年, p.132

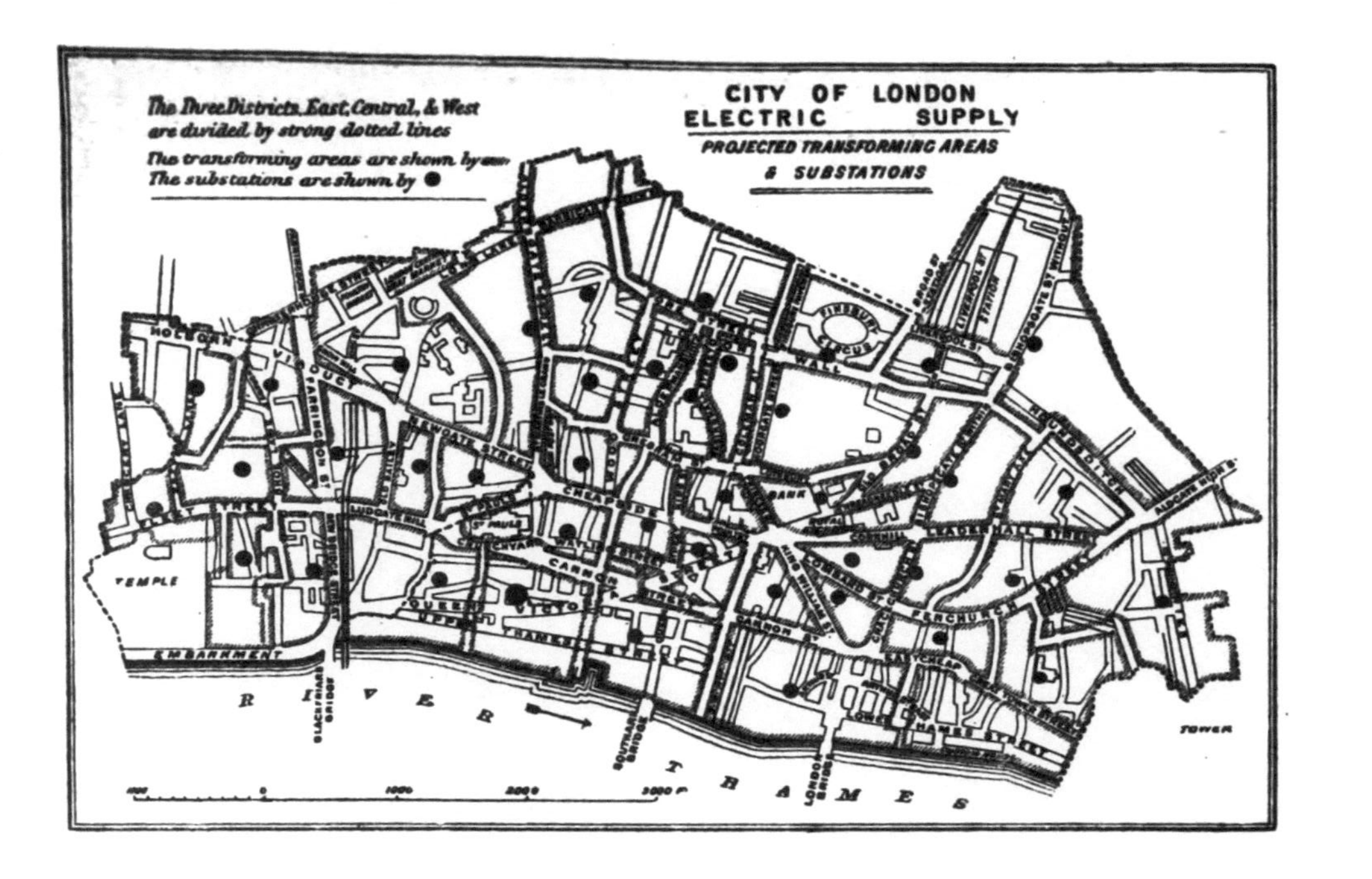

図―7―6　ロンドン市における電燈供給エリア図（●は変電所：42か所）
出典元：「Journal of the Institution of Electrical Engineers」, Vol.xxiii, 1894年, p.151

表―7－1　ロンドンにおける電燈供給会社の諸元

会 社 名	送電方式	供給区域 （平方マイル）	発電容量 （8燭光）	最長 配電距離 （ヤード）	ランプ電圧 （V）	発電電圧 （V）
Chelsea Electric Supply Company	直流	1.13	40,000	―	100	―
Electricity Supply Corporation	直流	0.18	65,000	1,090	100	104
House to House Electric Light Supply Company	交流	0.77	25,000	2,500	100	2,000
Kensington and Knightsbridge Electric Light Company	直流	0.67	31,500 49,500	1,292 1,820	100	100
London Electric Supply Corporation	交流	3.37	90,000	16,720	100	10,000 2,400
Metropolitan Electric Supply Company	交流	4.6	―	―	100	1,000
Notting Hill Electric Lightin Company	直流	0.69	15,000	780	100	102
St.James' and Pall Mall Electric Light Company	直流	0.24	40,000 20,000	800	106	106
St.Pancras Vestry	直流	4.1	20,000	1,700	110	―
Westminster Electric Supply Corporation	直流	1.9	84,000 21,000 30,000	1,600	100	102

出典元「The Electrician Supplement」, 6 Jan, 1893年, p.280

20世紀目前になっても送電方法には直流式と交流式の双方がロンドンには存在していた。発電電圧もロンドン電燈供給会社以外は小さく供給エリアも狭かった。1891年では口絵に示す供給区域図のように電燈会社がシティに電燈を供給していないし、供給先の主たるところはウェスト・エンドであったと云える。需要家が少ない地区ほど競合する会社がないことが分かる。なお、ホテルや鉄道駅や劇場などは臭いガス燈を止め、自家発電方式によって昼間の明るさに近い電燈を18,000燈供給していた。

表―7－2 チェルシーにおける架空線と地中線敷設状況

District	Chelsea
Overhead Wires and Cables	YDS
General Post Office	1010
United Telephone Company	1640
Cadogan Electric Light Company	1580
Private Telephones	255

Underground Cables	YDS
General Post Office	180
Cadogan Electric Light Company	1440
Chelsea Electricity Supply Company	300
London electric Supply Corporation	1070

出典元：「The Electrical Engineer」, 13 Mar, 1891 年, p.270

カドガン電燈供給会社は架空方式で供給した会社のひとつであり、暫定命令による二年以内の架空線撤去が道半ばであった。またユナイテッド・テレフォン会社は未だ議会がウェイリーブ権を認めていないことから、架空線しか架設方法がなかった。いっぽう郵政省は相変わらず、どうしても地中線が必要な個所にしか実施しなかったので、大半が架空線になっていた。

表—7－3　チェルシーにおける電燈会社の供給状況

会社名	1889-90	1890-1891	1891-92	1892-93	1893-94
Chelsea Electricity Company	113	215	312	390	500
Cadogan Electric Light Company	25	16	18	-	-
London Electric Supply Corporation	1	2	2	-	6
合計	139	233	332	390	506

出典元：「The Electrical Engineer」, 5 Oct, 1894 年, p.407
「The Telegraphic Journal and Electrical Review」, 25 Sep, 1891 年, p.367

カドガン会社は 1893 年にチェルシー電燈供給会社と合併している。また 1891 年に社名を変更しているが、掲載はそのままとした。燈数は白熱電球の 32 ワット（8 燭燈）換算と思われる。明りは家の軒先に灯すガス燈の 3 燭光に始まり、8 燭光になり 16 燭光に移行した。

表—7－4　1890年における電燈会社によるロンドンの電燈供給数

Name of Company	32 watt Lamps （8燭燈）
London Electric Supply Corporation	38,000
Metropolitan Electric Supply Company	44,598
House -to-House electric Supply Company	12,898
Westminster Electric Supply Company	7,540
Kensington & Knightsbridge Electric Supply Company	24,850
Chelsea Electric Supply Company	19,500
Notting-hill-electric Supply Company St.James and Pallmall Electric Supply Company	23,174
St.Pancras Vestry. The electricity Supply Corporation	8,500
Public Supply Company Total	179,060
Private Plants Total	85,000
Total	264,060

出典元：「Journal of the Society of Arts」, 12 Dec, 1890年, p.58

1890年におけるロンドンの電燈供給燈数（8燭光）は26万燈にも及び世界でも最大規模であるが、約3割は自家発電で賄っていた。

第8章　ＬＣＣの架空線撤去と共同溝設置と郵政大臣の決断

首都建設局に代わる新たな組織の誕生とロンドン共同溝と架空線法案

一八八八年に新たな地方自治法（51 & 52 Vict, c.41）が制定されたことで、一八五五年の首都運営法はその役目を終えた。それは首都運営法の第四十三条で設立された首都建設局の終末を意味した。

首都建設局の代わりになる組織として、地方自治法においてロンドンを管轄する広域な地方自治体が設立された（第四十条）。その組織名をロンドン・カウンティ・カウンシル（以下、ＬＣＣと略す）と云う。ＬＣＣの管轄区域は首都建設局と何ら変わらなかった。鉄道網の拡大によるロンドンに含まれる周辺区域が拡がったものの、コアになる区域に変化はなかった。

ＬＣＣは二年後の一八九〇年六月に、議会に「London Subways and Overhead Wires Bill」を議会に諮った。

法案名だけをみれば、あたかもロンドンの上空にある乱雑な架空線を撤去し、その収容先としての共同溝を主要街路に設置するかのように思われる。

しかしながら議会下院での特別委員会では、一八八五年の議会・特別委員会の報告（ロンドン市当局や教区会や地区委員会が各家庭に立ち入る）をＬＣＣが反故にし、ＬＣＣ自らが各家庭の屋上に立ち入るとした法案に、委員から質疑がなされた。ロンドン市当局と道路管理者の下水道委員会は、議会へ反対の請願をおこなった。

さらに電話会社や電燈会社さらには鉄道会社やガス会社や水道会社、加えて様々な自治体まで法案に反対した。特にケンジントンの教区会やセント・ジェームス、ウェストミンスターとセント・ジャイルズの地区委員会は強硬に反対した。

そうした反対に遭っても、ＬＣＣは自説を曲げず議案を下院の特別委員会に諮った。

六月二十六日の委員会では、「ＬＣＣが架空線の監視者として勝手に屋上に上ることで居住者の安寧に暮らす権利が不当に侵されたり、貴金属が盗難にあったり、使用人がせっかく掃除しても土足で汚されてしまう」と云った細かい指摘がなされた。これに対しＬＣＣのスピカー氏は、「架空線対策として住民に不便をかけることになるが、短時間で済む」とし、議会に理解を求めた。

また共同溝の設置には巨費が必要であるが、共同溝が設置されることで住民の不便さが解消されるとの肯定的な指摘もなされた。

さらに架空線を共同溝に入溝させると云っても、首都には千二百マイル（1,931 km）の街路延長があり、共同溝の敷設延長はわずか八マイル半（13.7 km）に過ぎないとの指摘もあった。

加えて共同溝をすべての通りに敷設すれば、入溝者は高い負担を負う羽目になってしまうとの指摘もなされた。

こうしたやりとりの後に採決がなされたが、下院において法案に賛成した議員票は二百であり、反対に投じた議員票は二百三で、わずか三票差で法案は否決された。

この三票差がＬＣＣの架空線監視体制条項にあったとすれば、誠に残念なことと思われる。道路工事を防ぎつつ架空線を整理し地下埋設物を収容するには共同溝は打ってつけであったが、巨費を要するうえに短区間での線的な実績しかなかったから、費用対効果が半減していた。大規模で面的な実績があれば、街路の広さや人口の稠密さなどに応じ様々な大きさの共同溝敷設計画を提示することも可能であったと思われるが、ＬＣＣにはそこまでの説得力を持ち合わせていなかった。

ＬＣＣが法案に賛同を得られる内容を盛り込んでいれば、今日的な評価は大きく異なったものになったものと推察される。

残念ながら法案は議会上院のアーカイブにも残っていなかったので、どのようなものであったか確認できていない。ＢＴアーカイブには当該法案らしきものがあるものの、閲覧できていない。今後の調査課題にしたい。

上空における架空線撤去法案と個人の架空線を規制する条例制定

ＬＣＣは法案が否決された翌九一年に、改めて London Overhead Wires Bill を議会に提出した。これによって、共同溝が敷設された八マイル半（13.7 km）の街路における上空の架空線を撤去し共同溝に入溝させることを目指し、上空の架空線を規制しようとした。

しかし電話線はウェイリーブ権が確保されておらず、ＬＣＣも電話用架空線については建物の屋上に柱を建ててしっかり固定させる方法を採ろうとした。

この法案は議会に受け入れられ、法（54 & 55 Vict, c.lxxvii）として制定された。

この法には、

・条例（Bye Law）にしたがう旨が記載された（第三条）
・監視員が危険と判断した上空の架空線については地方自治体が移設させることを求め、応じない場合には裁判所に訴える旨を明記した（第九条）
・個人の専用ケーブルに関する規制が盛り込まれた（第十八条）
・郵政省が所有する電信線に関しては、この法と条例の権限が及ばないことが記された（第二十一条）

郵政省は電信線の国有化や電話線の上空通行権取得において特権を付与され、今回も法と条例の規制対象から外れた。

またＬＣＣが個人所有の上空における架空線を規制する条例は、本法を受けた九二年七月に商務省から認可された。

認可された規制条例は十八か条で構成されており、

・地上から二十フィート（6.1 m）以上の高さで道路横断する場合は、三十五フィート（10.7 m）以上にし、ビルの屋根を越える場合は六フィート（1.8 m）を超える高さにすることが求められた（第四条）

・支間距離は最大百十五ヤード（105m）を超えてはならないとされた（第五条）
・ケーブルに対する風圧と積雪が明記された（第七条）
今まで法規制の対象外になっていた個人所有の架空線を規制することは可能になった。それだけでも大きな進歩であった。しかしながら、上空の電話用架空線の撤去を求めることはできなかった。この頃には上空の架空ケーブルの多さが人々にとってニューサンスに映り、規制を求める声も高まっていた。

表紙の写真は道路横断する架空ケーブル敷設に従事する作業員を写したものだが、裁判結果（百ヤードを下回らない）と条例（百十五ヤードを超えない）によって架空線はさらに規制を受けた。

LCCによる共同溝維持管理法の制定

LCCによるすべての路線における共同溝設置法案は水泡に帰したが、上空の架空線撤去法が成立したことを受け、共同溝敷設路線では上空の管線類を共同溝に入溝させることが求められた。

このためLCCは一八九三年に当該路線における管線類を共同溝に入溝させるべく、共同溝の維持管理法になるLondon County Council（Subways）Act 1893（56&57 Vict, c.cii）を制定した。首都建設局に入溝権限を与えた法はあくまで首都建設局に与えられたものであったから、LCCが規制するためには別途の法が必要になった。

十一番目になる（南岸タワーブリッジ接続）法による共同溝設置

ロンドン橋の下流側にはテームズ川を渡る橋がなく、イースト・エンドと南岸地域は直接的に結ばれていなかった。このため新たな橋を架けることが求められたが、各自治体間にいろいろな意見があって思うように進まなかった。

ようやく一八八四年に設計プランが決定され、架設法も定められた。こうして一八八六年から建設に着手し、一八九四年に橋が完成した。

これに先立つ一八九一年に南岸地域の各自治体はＬＣＣに対し、新しい橋への接続道路の築造を求めた。改良委員会は幾つかの案のなかから、幅員八十フィート（24.4m）の案を採用したが、この案は地元自治体間での調整がつかず実施されなかった。

翌年の九二年にふたたび委員会で取り上げられ、幅員六十フィート（18.3m）で決着した。そして九五年に、ＬＣＣ（南岸タワーブリッジ接続）法（58&59 Vict, c.cxxx）が議会で制定された。当該路線の全延長は三千六百フィート（1,097m）で、幅員は六十フィート（18.3m）であった。この新設道路では両側歩道に木を植え、共同溝は車道下に設けることになった。また当該路線の街燈はガス燈ではなく、電燈が採用された。

当時では電燈の供給方法として直流方式と交流方式のどちらも存在していた時期であり、料金的にはガス燈の優位性が残っていた時期であったが、明るさはあきらかに電燈に優位性があった。また新設道路は一九〇二年に完成し、現在はタワーブリッジ・ロードと命名されている。共同溝は当該路線のうち、延長八百ヤード（731.52m）に設置された。

なお北岸の接続道路は一八九七年に制定されたLCCの新設街路築造・街路改良法の第四条において明文化されている（60 & 61 Vict, c.ccxlii）。南岸接続と北岸接続は別々の法でおこなわれた。北岸の接続街路に共同溝が設けられることはなかった。

街路改良法による新設街路・ミドルセックス・ストリートにおける十二番目の共同溝設置

首都建設局は一八八三年にミドルセックス・ストリートを四十フィート（12.2 m）に拡幅していた。その後、一八八九年にロンドン市の下水道委員会が当該地区における街路拡幅を計画した。首都建設局に代わったLCCとの間で、ミドルセックス・ストリートに接続するサンディズ・ロウの幅員を四十フィート（12.2 m）にすることで合意がなされ、九二年にLCC（一般権限）法（55 & 56 Vict, c.ccxxxviii）が議会で制定された。

共同溝敷設は十七～十八条にあった。

ミドルセックス・ストリートの延長は五百フィート（152 m）足らずであり、幅員は四十フィート（12.2 m）である。施工された共同溝の延長は、わずか百七十五ヤード（160 m）である。

ホルボーンからストランドに通じる新設街路・キングスウェイ・オールドウイッチ・ストランドにおける十三～十五番目の共同溝設置

一八三六年と一八三八年の議会における街路改良・特別委員会には、すでにホルボーンからストランドに通じる新設街路が提案されていた。その後、一八四七年にも提案がなされた。首都建設局はこの新設街路より他の計画を優先したが、一八八九年の四月に、ＬＣＣの改良委員会から新設街路にかかるレポートが提出された。

　その後も何度か当該路線のプランが提出され、ようやく一八九六年三月になってＬＣＣの改良委員会はレポートをまとめた。そこには七つの新設街路案が提示されていたが、最終的にプランＧで決着した。街路幅員は百フィート（30.5 m）で、共同溝を設置することになった。この法案は一八九七年に議会に諮られ、法（60＆61 Vict, c.ccxlii）として制定された。共同溝敷設は第二十二条にあった。

　この頃になると街路幅員も広くキングスウェイでは歩道幅員も二十フィート（6.1 m）あり、車道幅は六十フィート（18.3 m）で、車道下のまん中に地下鉄、その両側に共同溝が設けられる予定であった。

　キングスウェイの共同溝は延長六百ヤード（548.64 m）で、オールドウイッチでは共同溝の延長は四百九十ヤード（448 m）であった。ストランドでは共同溝の延長は五百十ヤード（466 m）である。この三路線における共同溝は互いに連続したと思われる。

十六番目のヨーク・ストリートにおける共同溝計画

　ウォーター・ルー駅はウェストミンスター・ブリッジの南側に位置し、ロンドン最大の複合鉄道駅である。ロンドン・アンド・サウスウエスタン鉄道は、新たな地下鉄駅が開業されたことでシティへの直接乗り入れをあきらめ、一八九九年に暫定駅であったウォーター・ルー駅をターミナル化することにし、議会から法の制定（62＆63 Vict, c.clxi）を受けた。

いっぽうＬＣＣも同年に、法（62＆63 Vict, c.ccxxxvii）の制定を受けている。

この暫定駅の端に位置し南北をつなぐ路線がヨーク・ストリートであると思われるが、筆者が調べた限りでは、路線の改良事業に適用された法律が（62＆63 Vict, c.cclxvi）であるのか、前記のものかはっきりしない。金子源一郎やＬＣＣの資料にもヨーク・ストリートの共同溝はあるものの、現存しない路線となっている。これはウォーター・ルー駅の拡張と新設街路によって姿を消した。

記述共同溝について

ロンドンに設置された共同溝と収容物については、八十島義之助の研究ノート「共同溝に就いて」や、土木學會誌に投稿された金子源一郎の論文「輓近に於ける地下埋設物の整理に就て」などに記載がある。八十島の研究ノートに示された横断面図には、管類の接合方法が十九世紀後半のものではなく、二十世紀前半のものが示されている。

また電燈線入溝の様子まで見受けられるため、築造当時の収容物が示されたとは考えられない。研究ノートに示された出典元を調べたが、そうした雑誌を確認することができなかった。そのため八十島の資料は一部のみを掲載した。

金子源一郎の資料は筆者が調べたものと何ら変わりなく、一次資料に準じて取り扱っても問題ないものと思われる。

今まで述べた改造事業において築造された共同溝の設置位置を地図上（図―8―11、8―12）に示した。

記述していない共同溝について

ロンドン市は一八六〇年に交通量調査をしている。それによれば、マンション・ハウスにおける昼間九時間の歩行者数は五六、二三五人であり、通過する馬車交通量を避けて横断するのは困難を極めた。当時では五差路の交差点において停止線がある訳でもなく、勝手に通過していたから歩行者用地下道は必要不可欠であった。またロンドン橋の袂に位置するキング・ウイリアム・ストリートでも四二、九三五人いたので、ここの改良も必要であった。

王立委員会の報告書によれば、ホルボーン陸閘の共同溝竣工が一八六九年、ライム・ストリート・アヴェニューの共同溝竣工が一八七六年、エドムンド・ストリートの共同溝竣工が一八八〇年、アーサー・ストリートの共同溝竣工が一八八七年である。

またLower Thames Street（ロンドン橋のたもと）にも、共同溝が設置されている。この共同溝は、City and South London Railwayが実施したようであるが、詳しいことは判っていない。

チャーリング・クロス地下鉄駅の改造時やコーンヒルのマンション・ハウスにおける地下連絡通路にも管線類を収容する共同溝が設けられている。

このようにロンドン市などが設置した共同溝は地下の歩行者用通路を築造するに併せ、地下通路によって支障になる管類を収容する施設として設けたと思われる。

寒気・暴風・着雪と架空線破断

イングランドでは『自然現象の記録』に掲載されている西暦一二〇年以降、幾度も寒気や暴風に襲われ、甚大な被害が生じてきた。

九四四年には暴風で、ロンドンだけでも千五百を超える住宅が壊れている。九九八年にはテームズ川が五週間以上も凍っている。またテームズ川も大潮と爆弾低気圧の重なりで、大洪水に見舞われてきた。ロンドンは、こうして繰り返される自然現象と向き合って十九世紀後半を迎えた。

電信用架空線が出現し上空に薄く拡がり、百ヤード（91.4 m）以上の支間長でしか許可されなくなるまで、郵政省や電話会社は雪や暴風による大規模な架空線切断という経験則を有していない。

皮肉にも、郵政省と電話会社は架空線の支間長を長くされてから、冬場の架空線着雪による切断を繰り返し味わうことになる。それでも地中線とのコストの差は大きかったし、誘導電流による通信障害と接合部の不具合（絶縁不良）を確認するには、架空線方式が最善の方法であった。

慣習法による道路上におけるオブストラクションの除去に始まり、裁判による規制強化は、権限の及ばない上空を乱雑極まりないものにした。

技術革新による多条数のケーブルが上空を覆いつくした二十世紀目前のロンドンでは、自然現象の吹雪や嵐が繰り返し襲い、多大な通信障害を生じさせた。

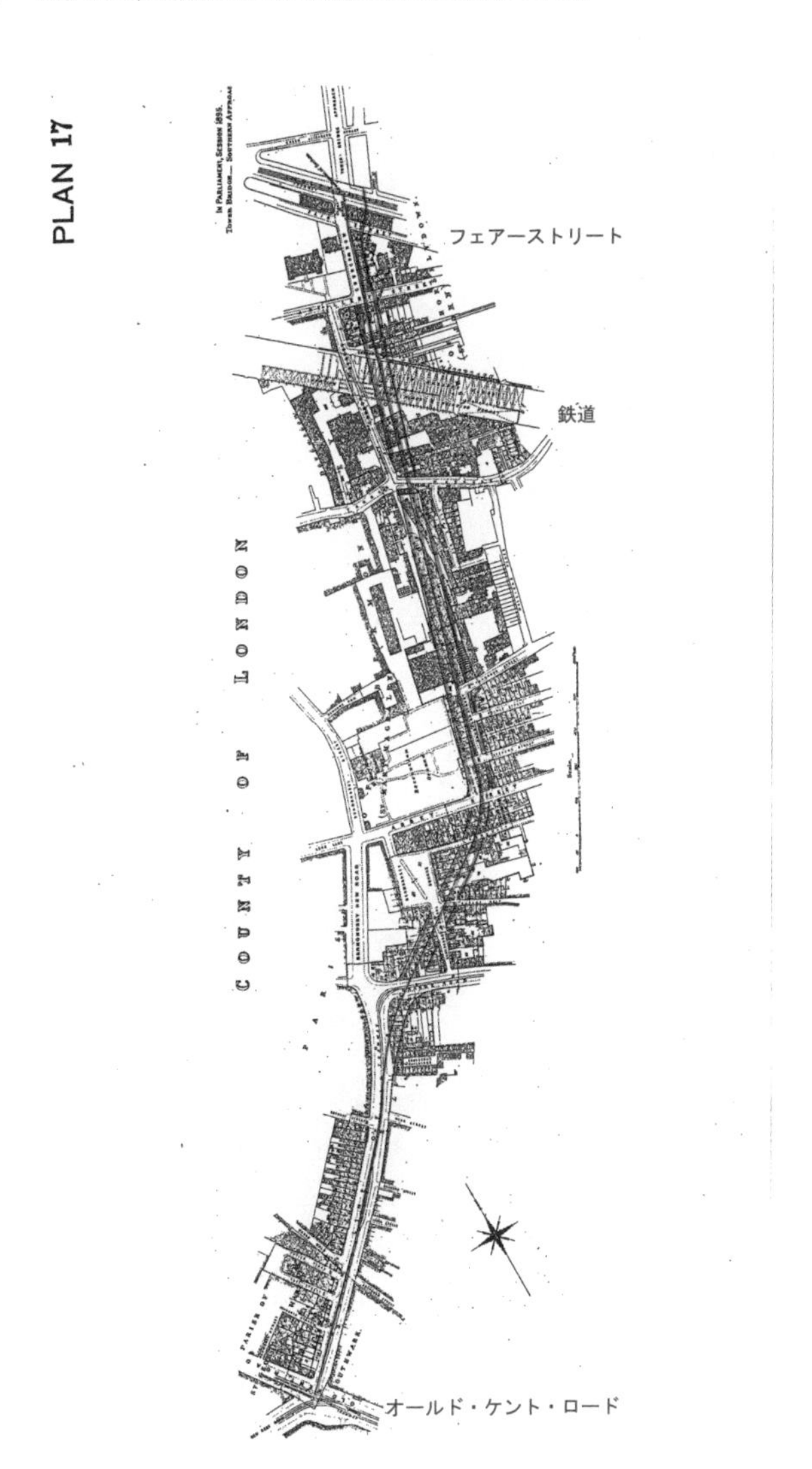

図―8－1　新設街路（タワーブリッジ・サウス）

出典元：『History of London Street Improvements, 1855-1897』, 1898 年, plan 17 に筆者加筆

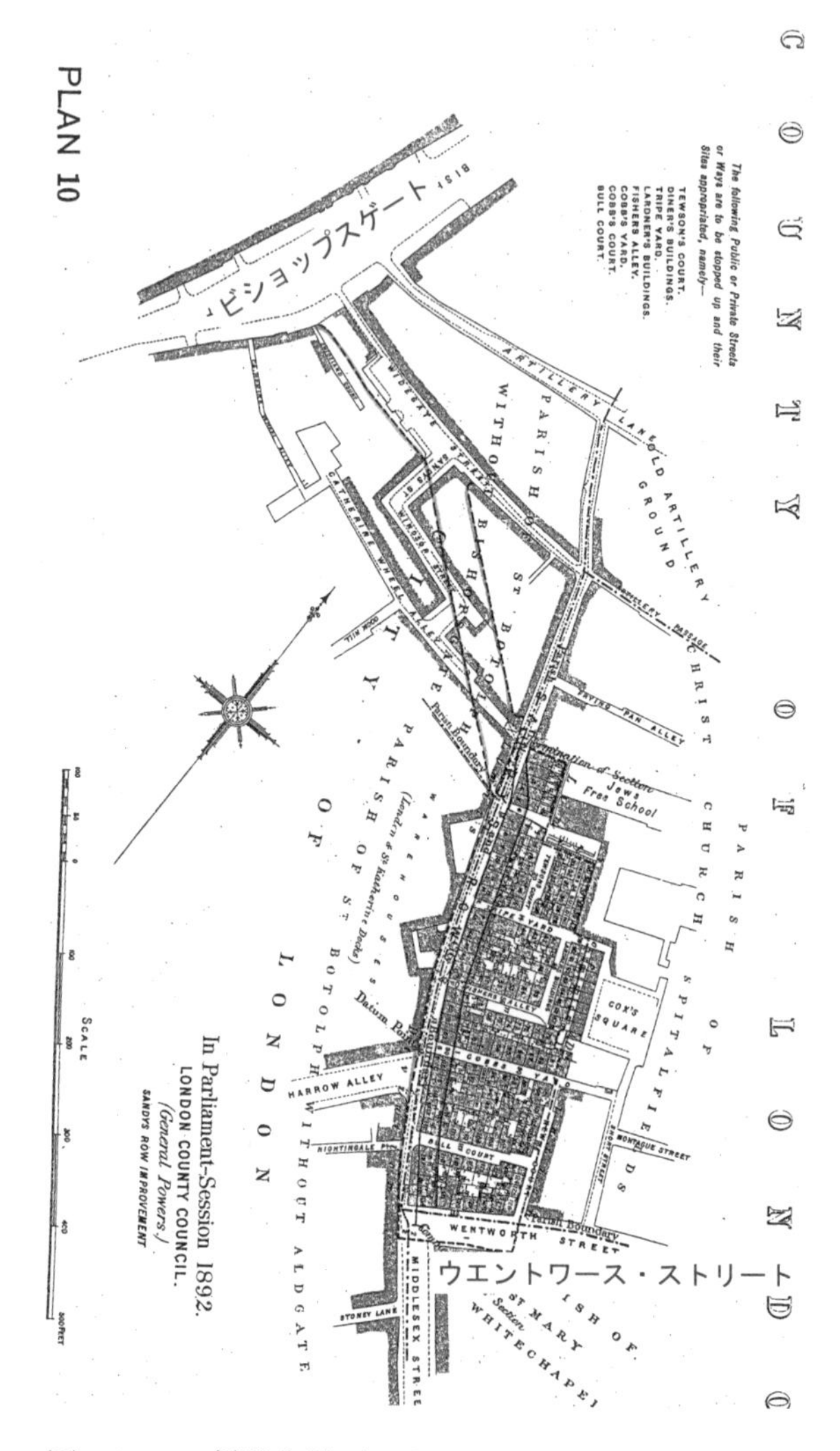

図—8－2　新設街路（ミドルセックス・ストリート）

出典元：『History of London Street Improvements, 1855-1897』, 1898 年, plan 10 に筆者加筆

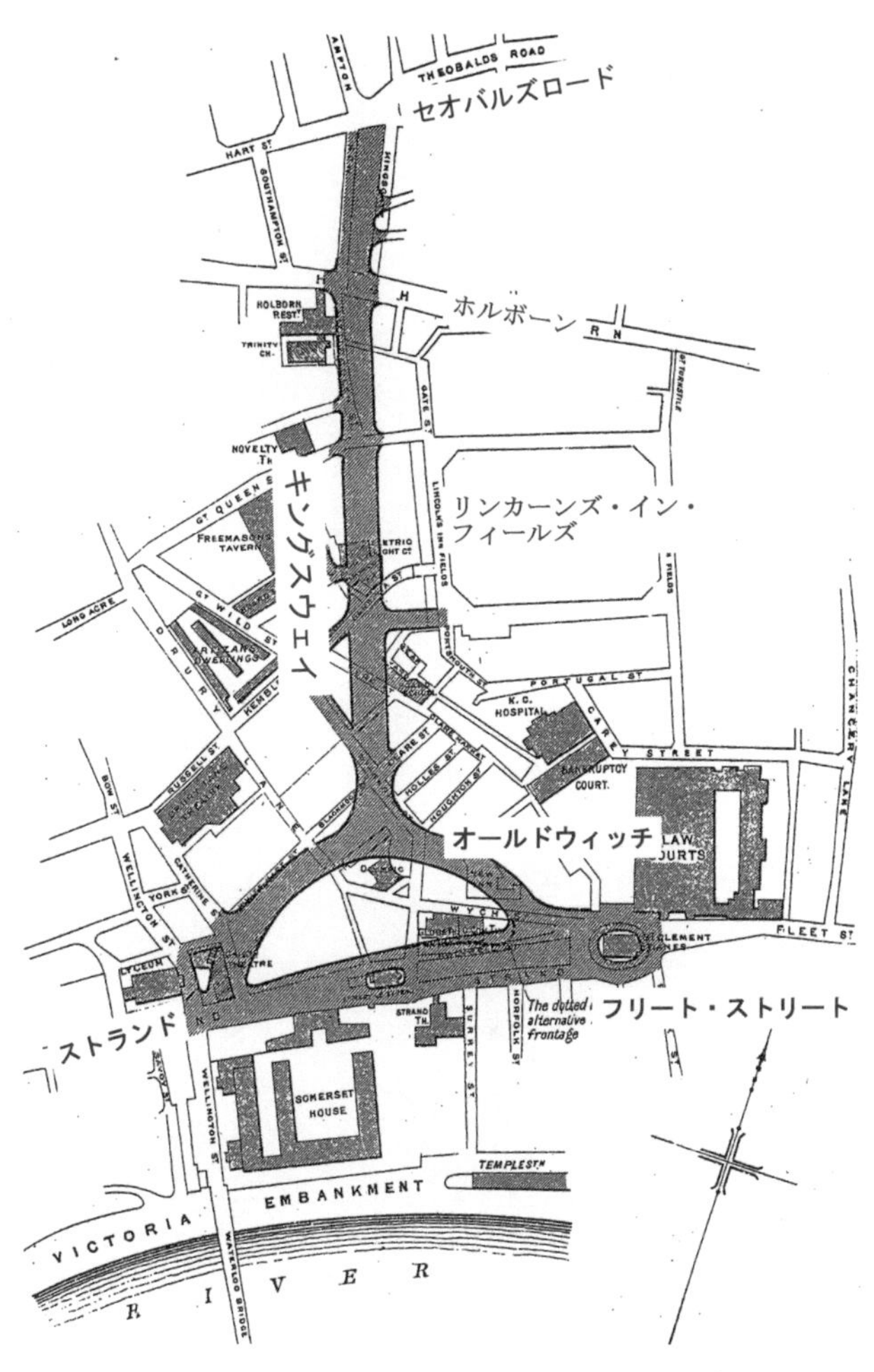

図―8－3　新設街路（キングスウェイ）
新設街路（オールドウイッチ）
改良街路（ストランド）

出典元：『History of London Street Improvements, 1855-1897』, 1898 年, plan 33 g に筆者加筆

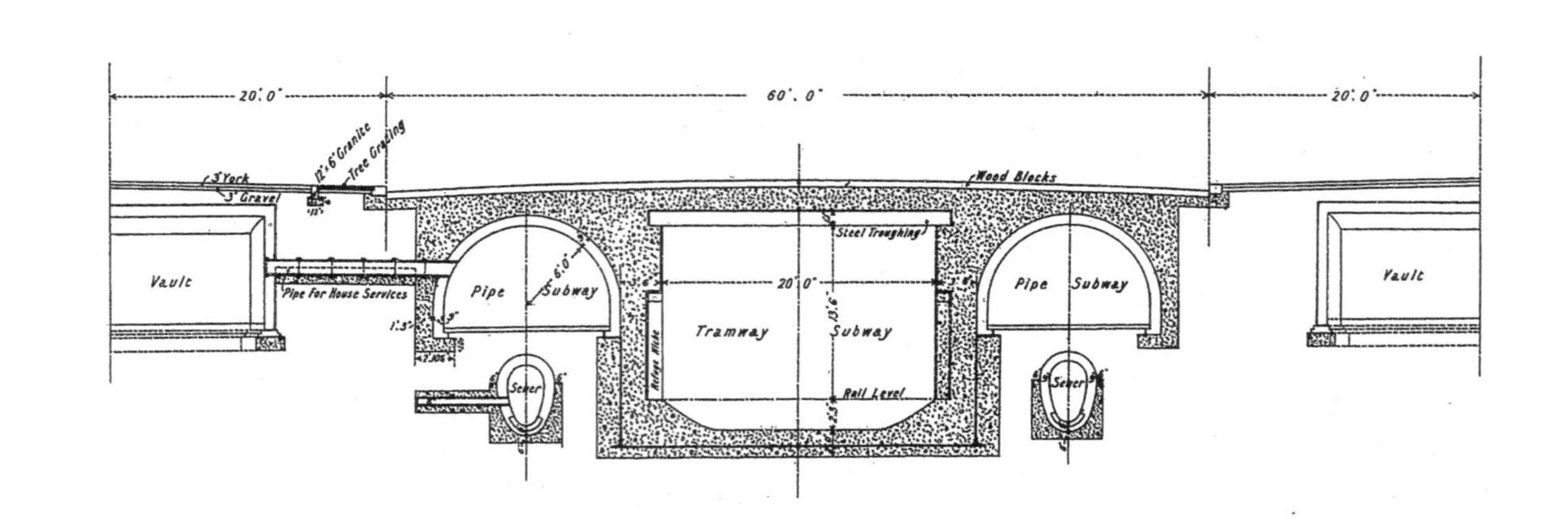

図—8－4　キングスウェイの横断面図（車道両側に共同溝）

出典元：「Royal Commission on London Traffic」, Vol.V, 1905 年, Plate XIX

地下鉄の両側に共同溝が計画され、歩道に突き出た民家の地下室に供給管が取り付くようになっている。歩道は6ｍあり、十分な広さを有している。当時の地下鉄は車両幅が狭かったので、この構造でも共同溝を設置することが可能であった。

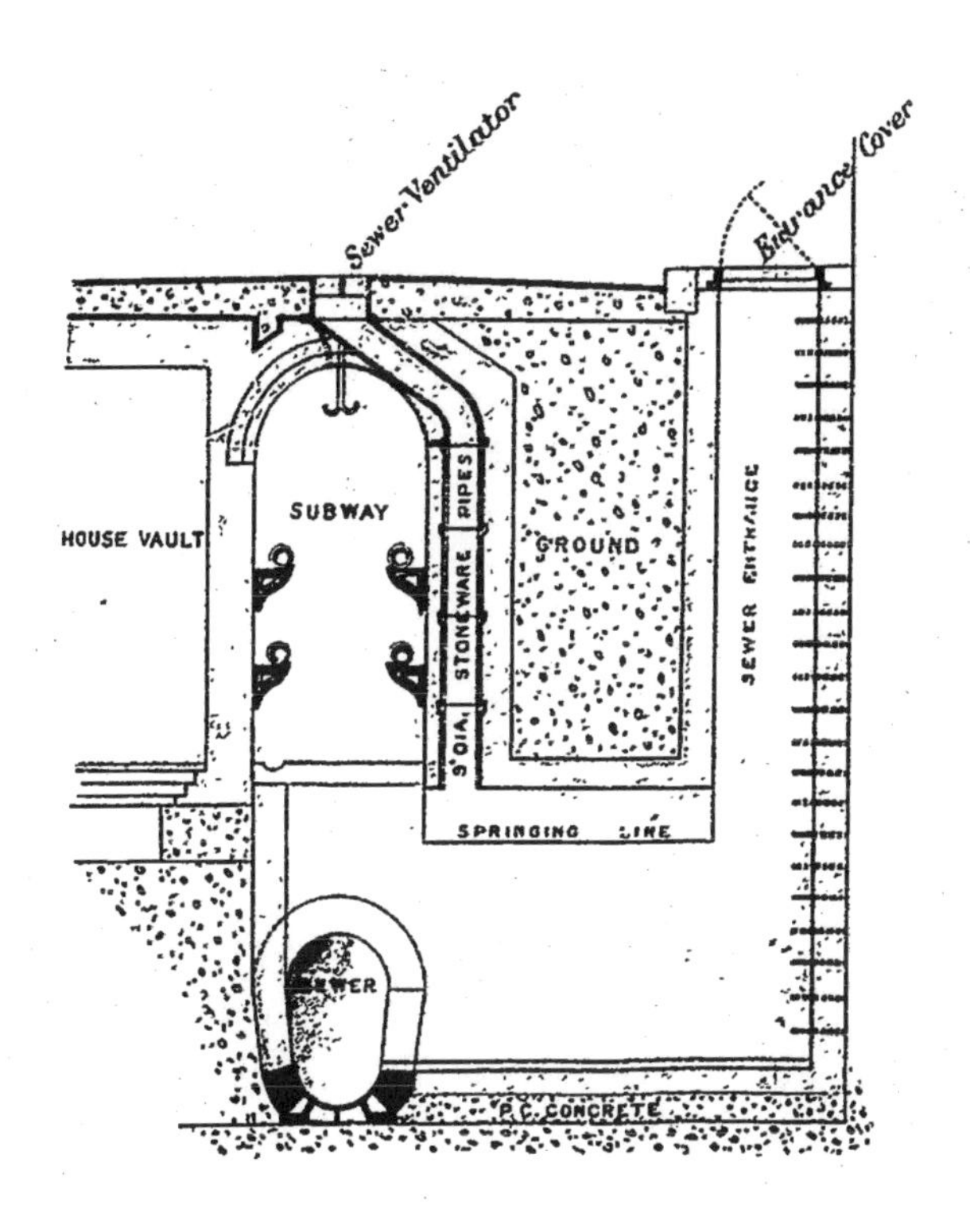

図—8－5　エドムンド・プレースにおける歩道下の分岐箱
（ロンドン市施工　1870 年竣工）

出典元：「Royal Commission on London Traffic」, Vol.V, plate.XCVII

The Commissioners of Sewers of the City of London「Origin, Statutory Powers and Duties」, 8 Jan, 1898 年, p.27 によれば、ロンドン市は Monument-street, Edmund's-place, Lime-street, Billiter-Avenue, Widegate-street, part of Middlesex-street の一部において共同溝を設置している。

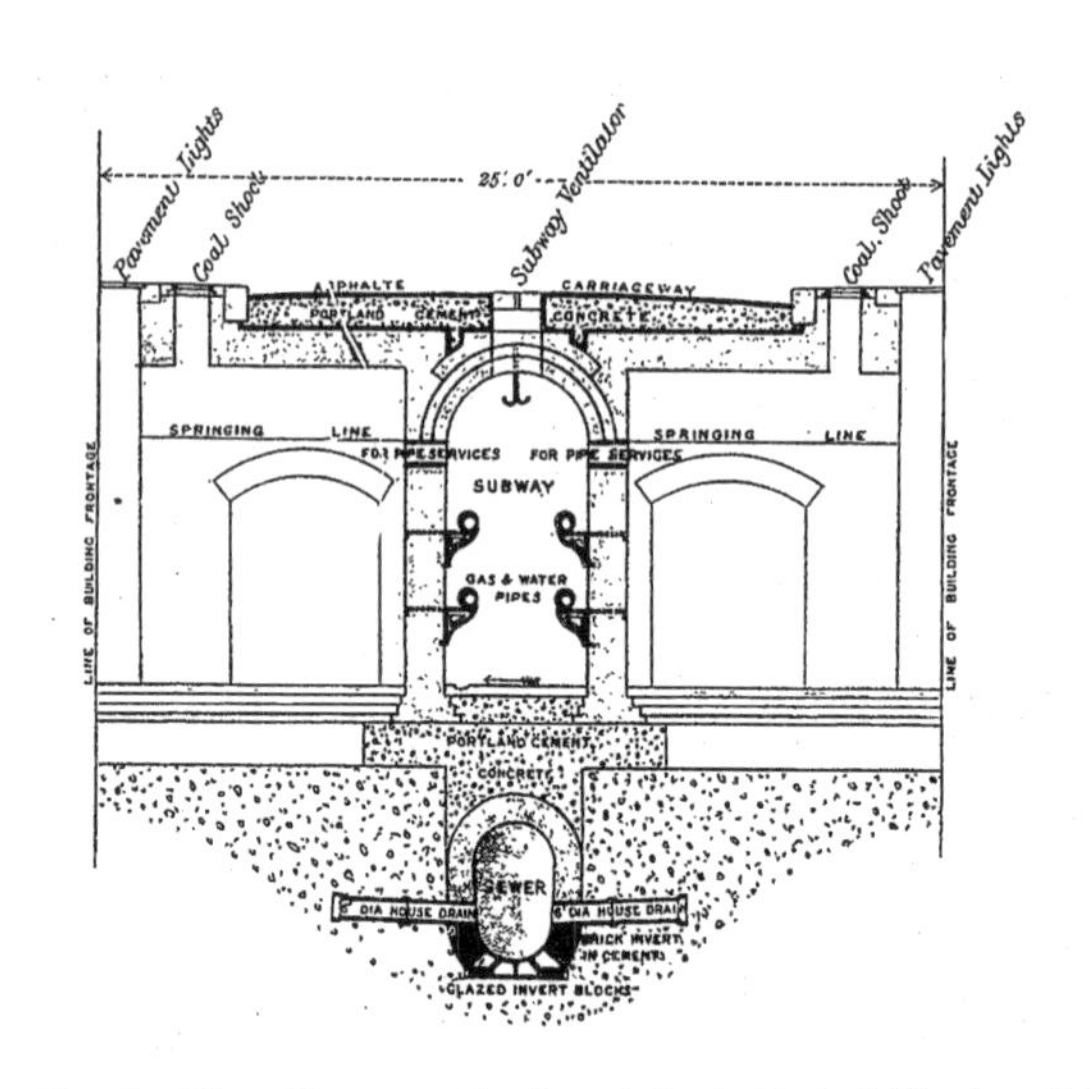

図―8－6　アーサー・ストリートにおける歩道下の分岐箱
（1887年竣工）

出典元：「Royal Commission on London Traffic」, Vol.V, plate.XCVIII

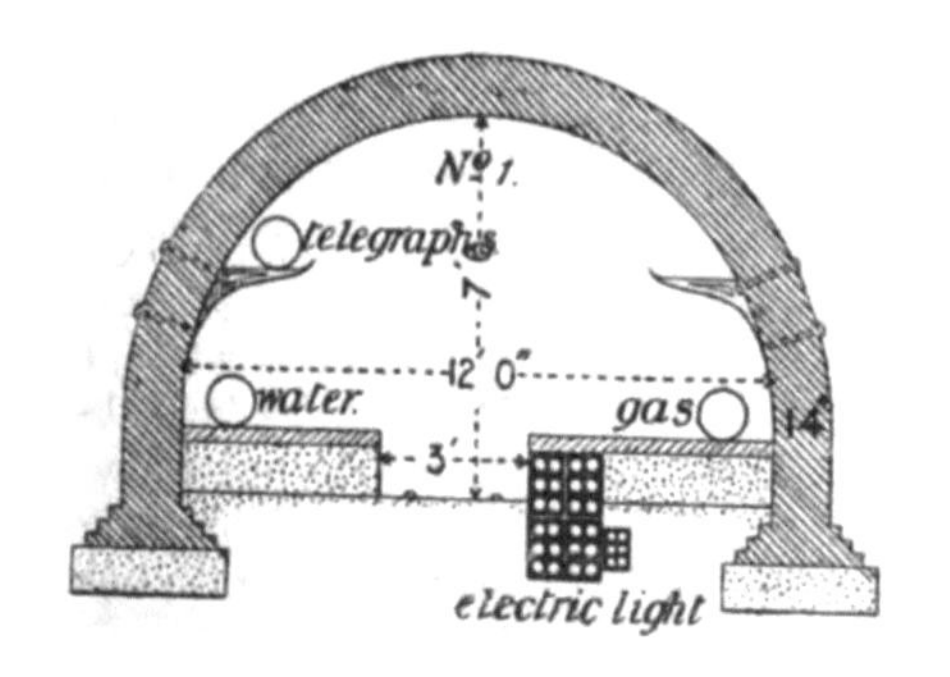

図―8－7　アーサー・ストリートにおける共同溝

出典元：「Jounal of the Institution of Electrical Engineers」, Vol.xxiii, 1894年, p.143

電燈線はダクトのなかに設置されているが電話線は未入溝。電燈線は底盤のなかに一部埋設されていた（50cmほど下げていた）。

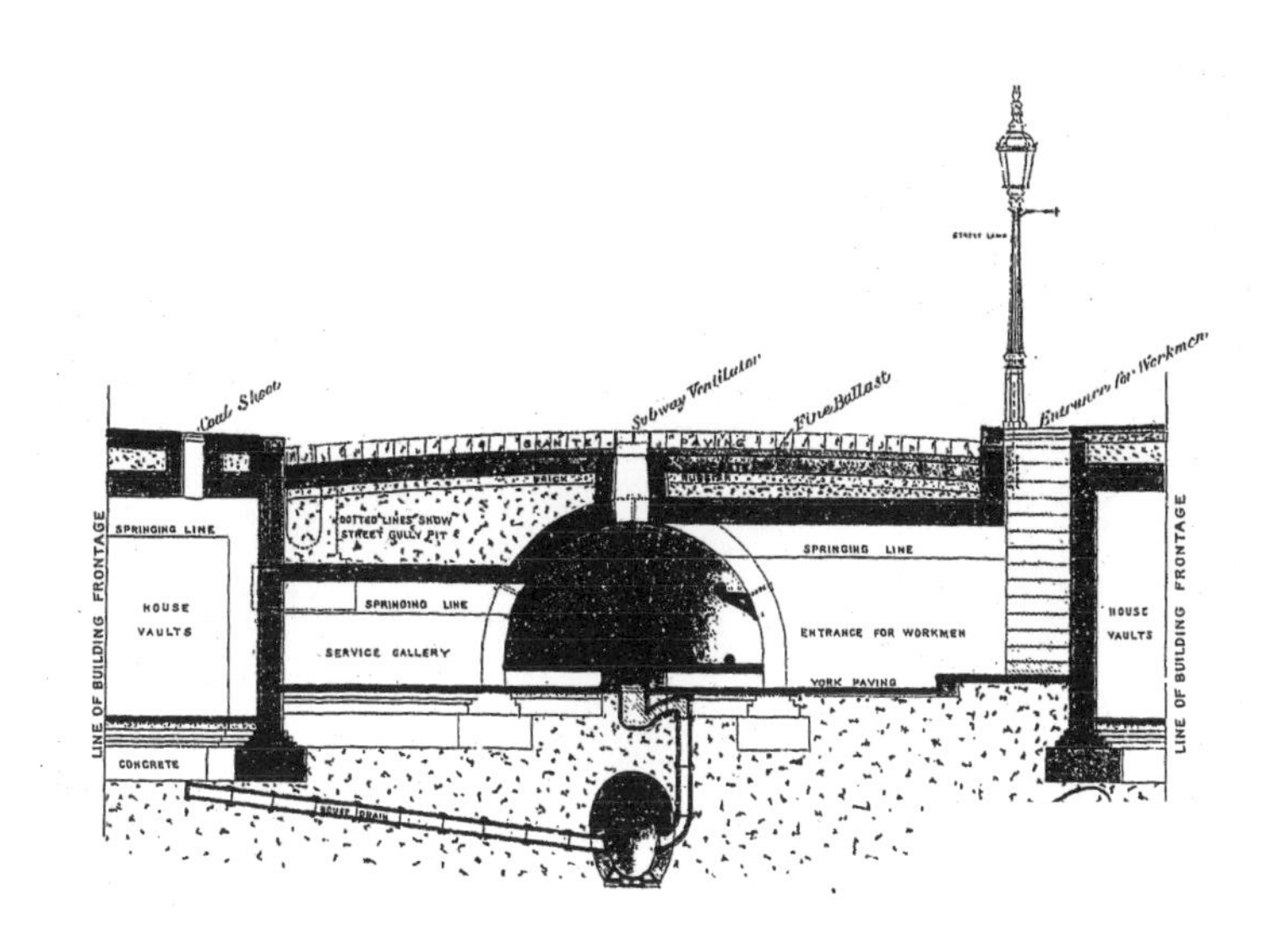

図—8－8　ライム・ストリート・アヴェニューにおける共同溝
（1876 年竣工）

出典元：「Royal Commission on London Traffic」, Vol.V, plate.XCVI

横断図には家庭の地下室が歩道の車道近くまで設置されている。これは歩道から地下室に石炭を投入するためになされていたことによる。マンホールから石炭を入れたので、直接、作業員が人家に立ち入る必要がなかった。しかしながら個人宅の地下室が歩道下に突き出ることから、歩道下の空間が制約を受けることになった。個人宅の地下室を公有地に設置することが正式に認められていたのか定かではない。1905 年の『Royal Commission on London Traffic』Vol.6 にもキングスウェイの歩道下に地下室を 3 mほど突き出す図が掲載されていることから、一定の評価を得ていたものと推測されるが詳しい経緯は分からない。

表—8－1　共同溝維持管理法に明示された各個別法

法律番号	法律名（ショートタイトル）	制定年
20 & 20 Vict, c. cxv	Covent Garden Approach and Southwalk and Westminster Communication Act	1857
21 & 22 Vict, c. xxxviii	Victoria Park Approach Act	1858
25 & 26 Vict,c.93	The Thames Embankment Act,1862	1862
26 & 27 Vict,c.45	The Metropolis Improvement Act	1863
27 & 28 Vict,c.61	The Thames Embankment and Metropolis Improvement Act,1864	1864
27 & 28 Vict, c. lxi	The Holborn Valley Improvement Act ,1864	1864
28 & 29 Vict, c. iii	The Whitechapel and Holborn Improvement Act,1865	1865
31 & 32 Vict, c. lxxx	The Metropolitan Subways Act,1868	1868

出典元：個別法を確認のうえ筆者作成

共同溝の維持管理法は、既に個別法によって完成した共同溝に適用されるものであったので、各個別法を明示した。

表—8－2　猛吹雪・嵐が襲った日

1866年1月12日
1881年1月26日
1886年12月25日
1895年1月12日
1910年6月9日
1911年5月31日

出典元：「The Telegraphic Journal and Electrical Review」, Dec 31, 1886年, p.39
「The Electrician」, Mar 16, 1888年, pp.521~522
『London Weather』

架空線に降った雨粒がケーブルにとどまり、雨粒が凍ってフリージングレインとなってツララになり、重さと風圧でケーブル切断が発生した。1866年の架空線切断はロンドン・ディストリクト電信会社の架空線の多くが断線した。強風(gale)によっても断線が生じた。特に多くの架空ケーブルが上空を覆っていた1890年代は嵐や強風で断線が発生し、深刻な通信障害を生じた。

写真―8－1　マンション・ハウスの共同溝

出典元：『The Distribution of Gas』, 1912年, p.224

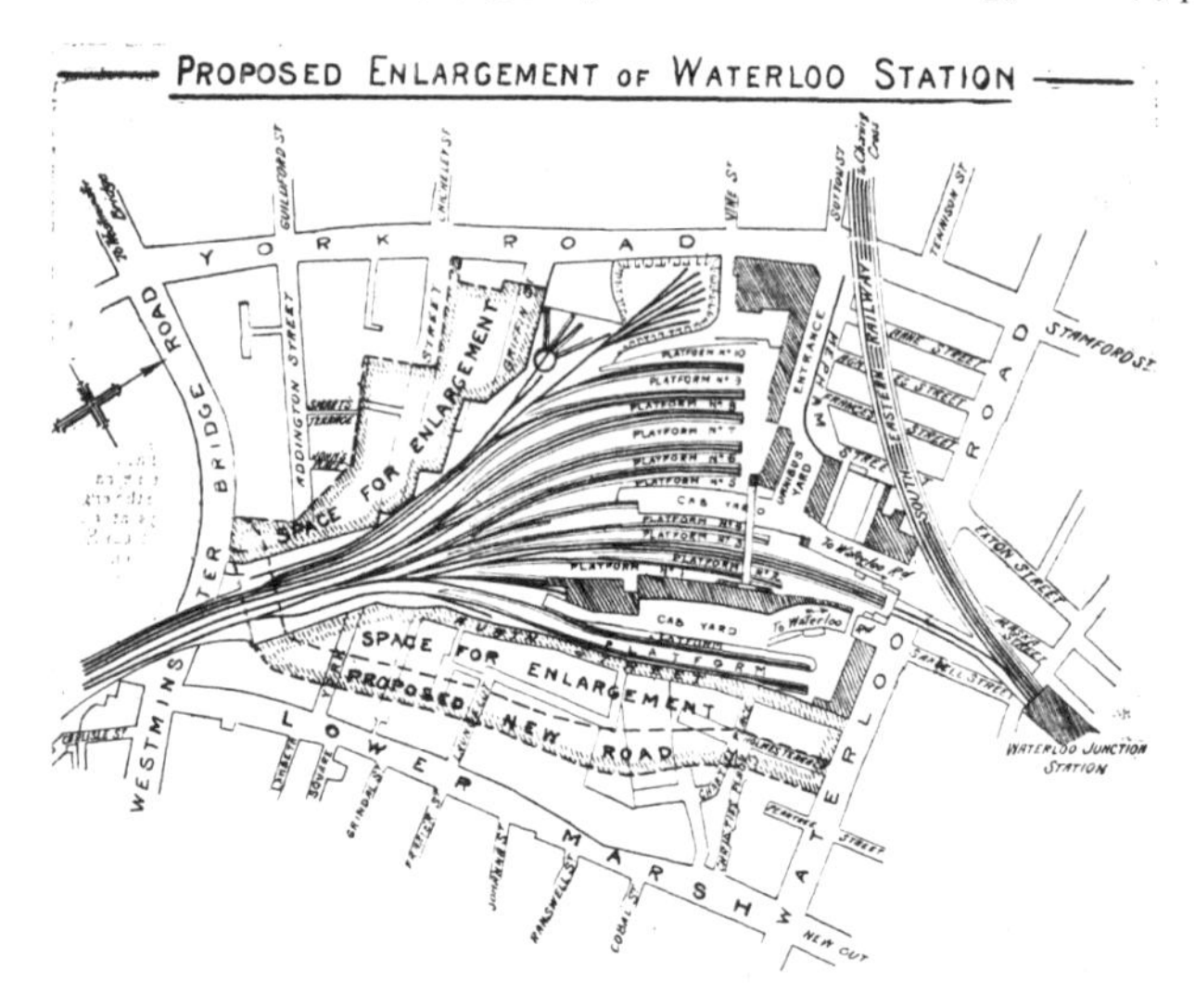

図―8－9　ウォーター・ルー駅の拡張図（ヨーク・ストリート消失）

出典元：「The Railway News Finance and Joint-Stock Companies' Journal」, 1899年, p.969

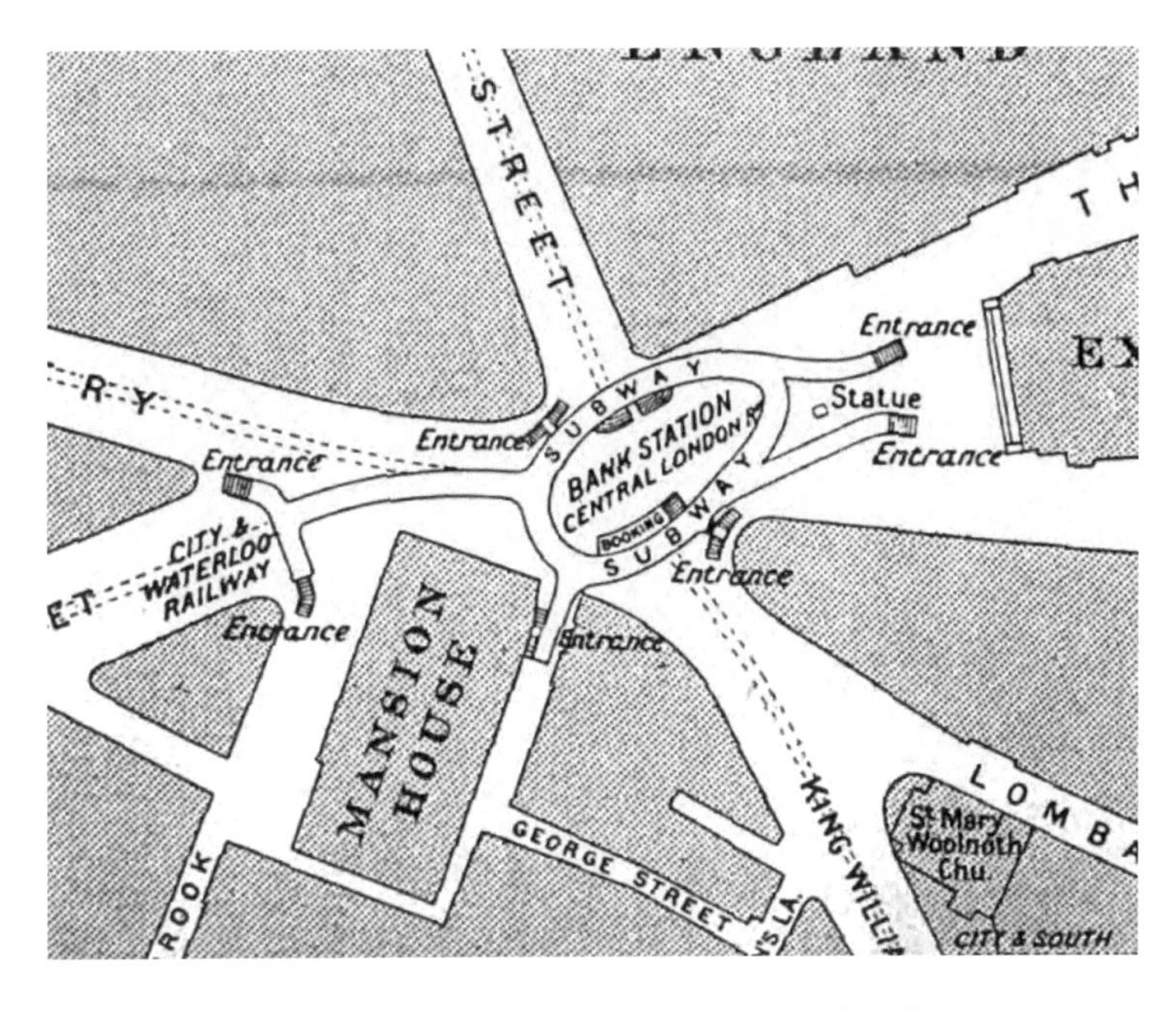

図―8－10　マンション・ハウスの地下道

地下道を築造するにあたり邪魔になる地下埋設物を共同溝に収容

出典元：『Guide to London』, 1907 年, p.236

雑誌「The Builder」, 31 Jan, 1885 年, p.163 によれば、1860 年当時の商業活動時 9 時間におけるバンクの歩行者は 56,235 人であった。これらの人々は六方向からやってくる馬車の目前を歩くしか術がなく、とても危険であった。当時では信号や通行規制などなく、地下道を造ることが通行人の安全確保に必要であった。そのため地下道を造るにあたり、地下埋設物を切り回す必要からロンドン市は共同溝を設置した。またロンドン橋の袂にあるキング・ウイリアム・ストリートも 9 時間の歩行者数が 42,935 人あったので、地下道を造ることにした。そして埋設物を収容する共同溝を設け、同時に Arthur street などにも共同溝が設けられた。

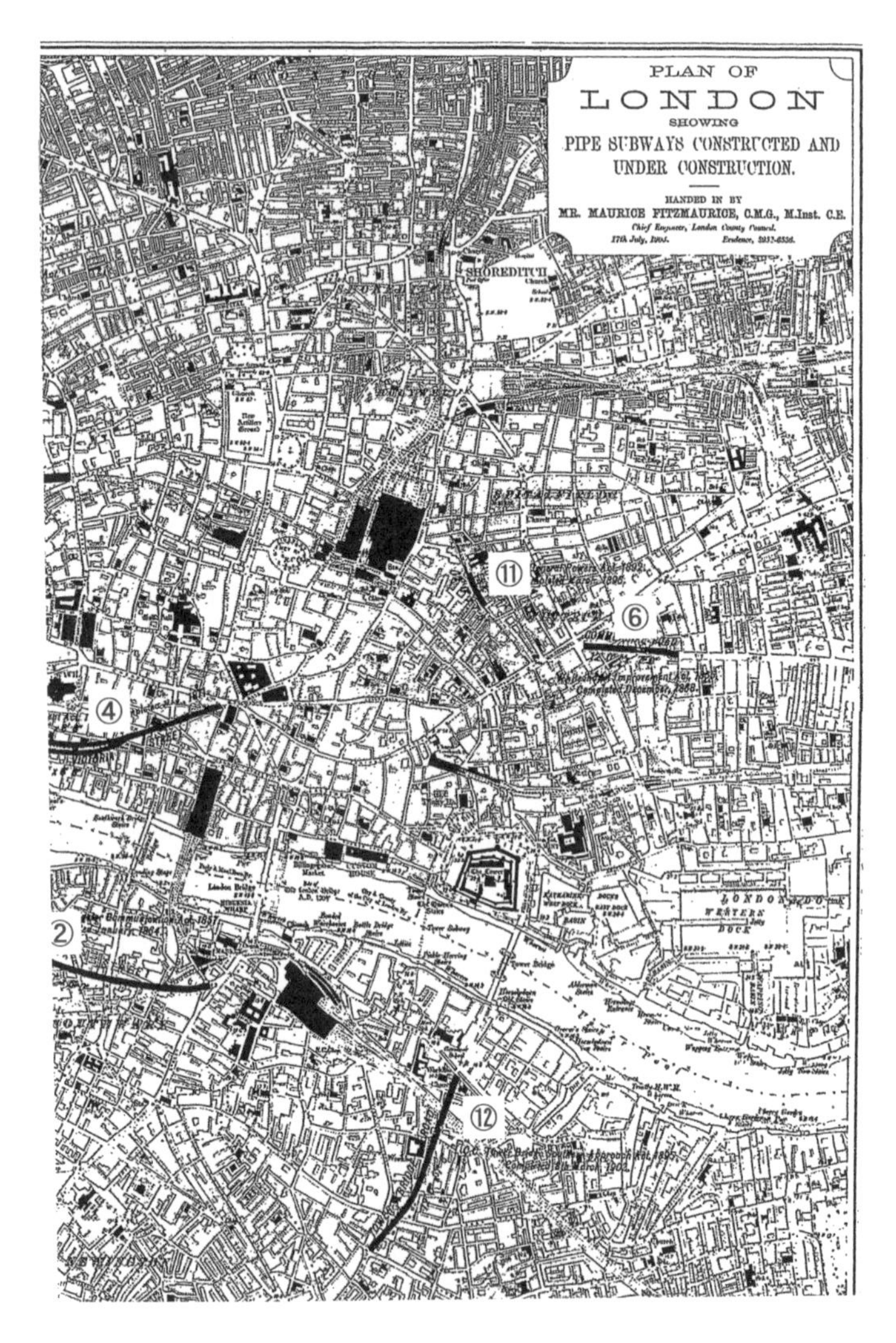

図―8－11　共同溝設置位置図

出典元：「Royal Commission on London Traffic」, Vol.V, 1905 年, pipe subways に共同溝の位置を加筆

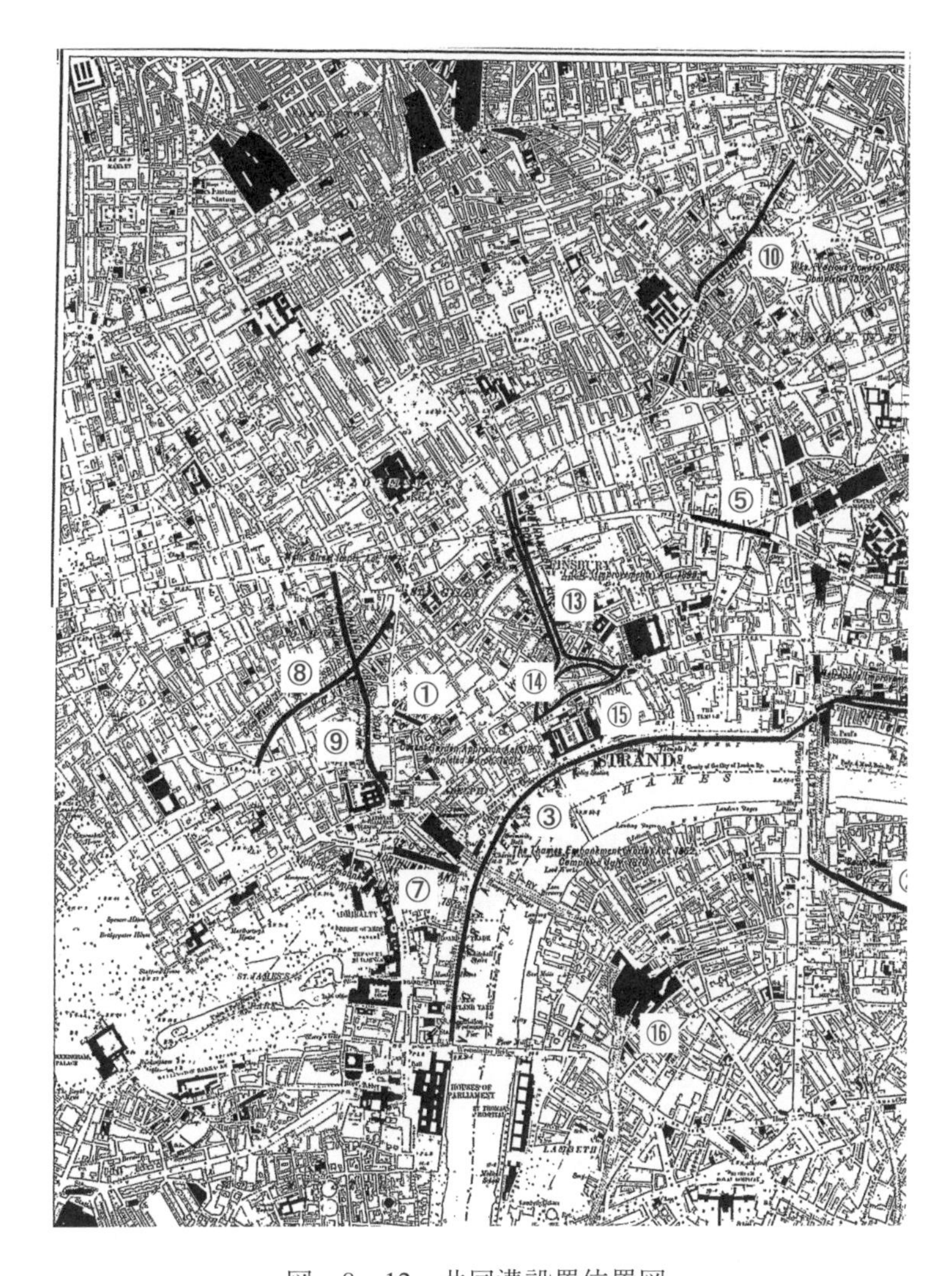

図―8－12　共同溝設置位置図

出典元：「Royal Commission on London Traffic」, Vol.V, 1905 年, pipe subways に共同溝の位置を加筆

表—8－3　メトロポリスに実施された共同溝（ロンドン市除く）

名　称	延　長(ヤード)
Garrick street	100
Commercial road East	380
Northumberland avenue	310
Shaftesbury avenue	900
Charing Cross road	900
Southwark Street	1,100
Queen Victoria Street	1,200
Victoria embankment	2,230
Rosebery avenue	800
Middle sex street	175
York Street	110
Tower Bridge road	800
Southampton row (East)	170
Southampton row (West)	170
Strand	510
Aldwych (North)	490
Aldwych (South)	435
Kingsway (East)	600
Kingsway (West)	600
計	11,980

出典元：『Commission on Down-Town Municipal Improvements』, 1914 年, pp.31~32

：「輓近に於ける地下埋設物の整理に就て」土木學會誌　第十六巻第六號　附表

第９章　日本の法制度との違い

イングランドにおける道路法制度の経緯

イングランドでは、一二八五年に定められたウインチェスター条令にある道路管理の考え方が、十九世紀でも踏襲されていた。シドニー・ウェッブが一九一三年に出版した『キングス・ハイウェイの物語』によれば、道路（road）の語源はアングロ・サクソン語にあって、ridan が ride になり、to rid（自由にする、取り除く）から、障害が取り除かれた状態（cleared from obstruction）に至ったとされる。

公道は障害が取り除かれ通行可能になればそれでよく、道路の凸凹などは度外視され、襲来に備え道路の周囲にある障害物（道路の両サイドの約六十メートル程にある茂みや灌木や土手）が除去された状態にすることが、道路管理であった。

武藤博己は『イギリス道路行政史』において、「慣習法における「迷惑抑制原理」に基づいて、四季裁判所もしくは「巡回裁判所」に対し「キングス・ハイウェイ」に障害あるいは迷惑を及ぼす教区民あるいは他の人々を告訴することが、すべての住民に許されていた（原文）」と記している。

こうしたことから明文化されたものがないなかで、前述した障害物の除去や裁判所の手続きについて、一般法の道路法一五六二（5 Eliz, c.13）において明文化がなされた。

この法律には、茂みや灌木等の除去（第七条）、裁判の手続き（第八条）が明示されていた。最初の道路法一五五五（2&3 Ph.&M, c.8）には規定されなかった道路管理や裁判手続きなどが定められ、六二年に全国に広く布達された。さらに伝統的に踏襲してきた政策を取り込んだ道路法一七六七（7 Ceo.3, c.42）が布達されている。この法では、灌木等を除去すること（第三条）やオブストラクションの除去（第四条）が盛り込まれた。

そのうえで一五五五年の道路法制定以降に出された多くの道路に関する法令を整理するために、一般道路法一七七三（13 Ceo.3, c.78）が作られ、従来の道路法が廃止された。

この法では、

・道路に灌木や低木などの障害物を置かないこと（第六条）

・道路上で樹木を成長させないこと、さらには生垣が道路に日陰を作らないように刈り込むこと（第七条）

が設けられた。

こうした一連の道路法改正は、産業革命によって急速に拡大しつつある道路交通に対処することにあった。その中にあっても、中世以降つづく道路上の障害物を除去することは必須事項であった。

産業革命による積載量や曳馬頭数の増大は道路構造の変革を促し、専門知識を有する技術者による道路舗装制度を確立させるに至った。その結果、一般道路法一八三五（5&6 Will.IV, c.50）が制定された。

中世以降つづく道路管理の考え方に従えば、十九世紀のロンドンに出現する世界最初の発明になる電信事業が広く公衆の便益に供するものであっても、公道上に半永久的な障害物（電柱）を建てることは法規範に抵触するものであった。

そのため街中の公道上に電柱を建てるという発想はなく、それはイングランドでは当たり前のことであった。

イングランドにおける道路管理は、「景観」という抽象的で情緒的なものではなく、法規範という厳然たるものに従っていた。ただし、私有地における電柱建設は道路法や慣習法に抵触しないので道路管理者の承諾も必要なく、特に問題は発生しなかった。私有地としての運河も小径も法規制の対象外であった。

さらに公道上の横断架空線も、「公衆の生命や財産に危険を及ぼす恐れ」が高いと判断されれば、ニューサンスと見なし裁判に訴えるという権利も認められていた。

定められた基準にしたがって道路横断していた電信用架線は適法とされつつも、公道上の建築限界内における架線を認めないという裁決が示された。そして道路管理者の権限が及ぶ上空と地下（下水管まで）の建築限界が明示された。

いっぽうロンドンでは、電話事業が高等裁判所の判決で電信事業の一部とされたことから、道路掘削権という特別な権限を手に入れることができず、判決による公道上の建築限界外にしか設置場所がなくなった。そのため電話事業は、ビルの上とか民地内を通過して事業がおこなわれた。そして景観学の第一人者である中村良夫が中学時代に読んだシャーロック・ホームズの挿絵のような状況が出現した。

口絵に示した中心街のマンション・ハウスにおける電話交換局の写真には、「やぐら」に設けた碍子（ケーブルに置き換わった残骸）と、何十対もの電話線を収容したケーブルがメッセンジャーケーブルに添架している様が写っている。さらに屋上から垂れ下がった多条数のケーブルが写っている。

さて日本で云う景観保全のための無電柱化については、電力法一九五七（5&6 Eliz.2, c.48）においてに、快適さの保全条項（第三十七条）が盛り込まれた。

この条項では、「田園地帯における自然美を保全すること」が謳われた。村を抜けた田舎地帯では歩道端より外側のオープンスペースであれば電柱を建ててよいとされていたが、歴史的風景や自然美を保全するところでは、二十世紀半ばになって、ようやく地中化する措置が盛り込まれた。

イングランドと云えども、電力需要密度が低い田舎においては、村を抜けたところにおける電柱架設が認められていた。

しかしながら自然美を保全する必要性があるところでは、二十世紀半ばになって歩道外の電柱や架空線が撤去される運びになった。

日本における道路行政の経緯

日本における江戸期の主たる交通手段は徒歩や籠であり、道路の通行目的が歩行などに限定されている限り、目的外使用にあたる道路占用によって交通障害が発生することはなかった。このため江戸が東京に変わっても道路には定まった法規範がなく、江戸時代からの旧慣を踏襲していた。

ここに文明の利器と称される道路を利用して成り立つ事業が次々に導入され、一八六九（明治二）年に電信柱が建てられている。

また七二（明治五）年には燈火用のガス燈が高島嘉右衛門によって横浜に導入され、翌七三年には事業者としての東京会議所が東京市内に設立された。七四（明治七）年には、吉原の遊郭に導入しようとしていた五百燈を京橋以南の煉瓦街に変更設置した。しかしながら東京都公文書館所蔵の「会議所伺」にも、「京橋以南、点燈八十五基」としか記されておらず、設置位置について詳しく記したものはない。

七八年には電話柱が建てられた。

とりわけ国策的事業の電信線と電話線については、九〇年に「電信線電話線建設條例」（法律第五十八號）が設けられ、第一条において道路占用に特別扱い（官有ノ土地又ハ營造物ハ其ノ所管廳ニ通知シテ之ヲ使用スルコトヲ得）がなされた。

このように明治期になって、公道に次々と導入される文明の利器に対処する法規制は日本に存在しなかった。そして条例によって特別扱いが認められた。

公道を管理する行政府は、一八七六年に警視庁が十七条から成る「街路取締規則」（東京警視本署布達第五号）を制定し、公道の取締り権限を警視庁の管轄にした。このため、ガス街燈の認可権限は警視庁にあった。

東京府は一八八〇年に布達・甲第貳拾壱號において、「條例規則ノ限ニ非ル諸會社設立ノ儀當廳へ出願致來候」と規定した。電燈會社の設立は東京府に申請することになる。

また地方長官（東京府知事）の管理権限と警視庁の取締り権限の範囲については、九〇年に「東京府ニ協議シ両庁交渉事項ノ主管ヲ定シ東京府知事ト連署告示」（無号告示）において、それぞれの主管範囲を定めた。

さらに電気事業の取締りについては九一年に逓信省が訓令第七号を地方庁あてに発し、これを受けた警視庁は「電気営業取締規則」（警視庁令第二十三号）を制定した。この結果、電気工事に関する安全基準が示された。

こうした一連の流れにあっても、道路占用物について確たる法規制は存在しなかった。旧道路法が制定される一九一九年まで道路を管理する行政側に主導権はなかったし、旧道路法が制定されても、道路占用物に関する規定は充分でなかった。

東京電燈會社創立願に対する東京府の対応

一八八二（明治十五）年三月十八日に矢嶋作郎他五名は、内務卿・山田顕義あてに「電燈會社創立願」を提出している。それによれば前年の八一年に英米両國において実況を調査したとしたうえで、光線の透明さなどから東京電燈會社を資本金・貳拾萬圓で創立したいと願い出た。「電燈會社創立願」には「電燈調査報告摘要」が添付されており、在倫敦某氏の電燈調査書と米國人某氏の寄送した電燈要録があった。

要録のなかに記された「電氣燈ノ效用」の第五には、「電氣燈ハ其機械場ヨリ銅線一筋ヲ地下或ハ屋上へ架設シテ遠隔ノ地へ自在ニ點燈」と記されている。

ロンドンにおいて電燈事業法一八八二が制定される以前には、自家発電の事業者が架空方式で電燈供給していたから、報告書に間違いはなかった。

そして「東京府全都電氣燈布設方法」として、「銅線ヲ通シ」電燈供給するとした。架空方式を採用する考えであった。

東京府は申請からわずか十二日後の同月三十日付で、電燈事業を「本邦未會有ノ事業ト雖トモ早晩之ヲ利用創設スヘキ論ヲ竢タサル筋ト被存」と認めはしたものの、「實際起工スヘキ計畫方法及會社々則等詳細申出ルニ非ラサレハ何分ノ詮議難及候事」とし、書類に不備があるとして願を却下した。さらに但し書において、東京府で処理する旨を通知した。

この通知を受けた東京電燈會社は、同年六月二十六日付で「電氣燈建設起工着手ノ順序」と「電氣燈説明概略附試験電氣燈費豫算」を添え、東京府知事・芳川顯正あてに「電氣燈建設願」を提出した。

しかしながら一向に許可されることはなく、しびれを切らした東京電燈は同年十二月十四日付で、「電燈會社創立願」を提出した。

東京府は決裁文において、「道路并瓦斯燈ニ關係アルヲ以テ內務省へ稟議シ」と記している。東京府は数か月をかけて内務省と警視庁と三者協議をおこない、道路に関わるものと官有地に関わるもので窓口を分けるか、認可するのを東京府とするのか警視庁とするのか相談をした。七か月後ようやく協議が整い、八三年一月二十七日に東京府は東京電燈に対し指令を発した。それによれば、道路に関係するものは警視庁へ願を出し、官有地に関するものは府庁に願を出すことになった。

そして同年二月十五日、東京府から會社創立を認められた。

東京電燈會社の英米両国における事前調査と地中配電

矢嶋作郎は、在倫敦某氏の電燈調査書と米國人某氏の寄送した電燈要録を添えて創立願を提出しており、現地に赴いて調査をおこなっていなかった。

しかしながら『東京電燈株式會社開業五十年史』によれば、東京電燈會社は事業化のために、「先づ英米二國の電燈會社に照會を發すると共に、當時英國留學中の工學士石黒五十二氏に對し詳細の取調を委託」し、八二年初めに石黒五十二から回答がなされたとある。

石黒五十二は東京大学理学部を卒業した官僚であったから、電燈會社による電燈事業が地中線でなされていたことや、架空線は主として電信電話線であると判っていたと推察される。

また工部大学校教授であった藤岡市助は八四年八月から十二月までの五か月間、工部省から米国に派遣され、萬国電氣博覧会やエディソン電燈會社などを見聞している。

藤岡は英語学校で H.S.Stevens から英語を学び工部大学校に入学したが、電信科の指導教授は英国人の W.E.Ayrton であり、授業はすべて英語で行われていた。そのため藤岡が米国に派遣された際にも語学で困ることはなかったし、電気に関する知識も豊富であった。

こうした経験と知識を買われた藤岡は帰国後に東京電燈會社の技術顧問になり、発熱用発電機の設計に関わった。そして藤岡は発電機などをエディソン社に注文し、エディソン社は A.W. Congdon という名の電気技師を東京電燈會社に派遣している。

藤岡は二年後の八六年十二月に東京電燈會社の技師長に就任した。同月二十二日に矢嶋社長と藤岡技師長は、歐米電氣事業の實際を視察するために英米兩國に出張した。藤岡は二度に亘り、米国と英国を視察している。

こうした一連の流れをみれば、東京電燈會社が電燈事業を始めるにあたり詳細に調査したことが分かるし、既に英米両国の電燈事業が地中線方式でなされていたことを承知していたと理解される。個人が自家発電方式で電燈事業を架空線方式で営んでいたことを認識していたか定かでないものの、英国の電燈會社に出向けば、人命への危険性から地中線方式が採用されていることは伝えられていたものと判断される。

藤原淳一郎著『十九世紀米国における電気事業規制の展開』によれば、「電信、電話、電灯の各社のネットワークのための電線が、消火作業の妨げもしくは消化作業員の危険の原因となったこととか、電柱が、通行の妨害になった（中略）一八八四年ニューヨーク州法で、州内の人口五十万以上の都市で、一八八五年一一月一日までに、地上の電信、電話、電灯線の地中化を規定した」（原文）とも記されている。

またラビット・テレグラフ會社事件の判決では、電柱が「ニューサンス」になるとも記されている。藤岡が視察したころには米国でも、大都市部における電燈線地中化が軌道に乗り始めていたはずである。

東京電燈會社は皇居への電燈供給が決まると、コングドン技師の他にW.H.Brennerという技師を雇い入れ、麹町第一電燈局を整備した。

宮内庁文書館が所蔵する「電氣燈、電話線、電信線、避雷針設置事業」には、東京電燈會社が皇居への電燈供給を願い出た際の公文書が残っている。

それによれば、「瓦斯燈ノ古式ヲ採用スレハ大ナル過リニシテ電氣燈ノ無比最良ナル」と記されている。英国でガス燈が主流であった時期でも、藤岡は電氣燈の方が優れていると認識していた。

さらに東京電燈會社の電燈方式が採用された際の約定書には、「電線布設方法ハ米國諸州ノ火災保険會社ノ充分満足セルモノナリ」とも記している。藤岡は火災保険會社の動向までつぶさに調べていた。

ここまで周到に調査をしていた藤岡は、皇居への電燈線を半蔵門から地中線で実施した。東京電燈會社は当初から地中配電の技術を持っていたし、皇居へ架空方式で電燈供給した場合、断線による危険が皇族に及ぶことや火災を案じ、高価な地中線を用いたものと思われる。

東京電燈會社の風致地区内における節度ない所業

東京電燈會社は一八九一（明治二十四）年に、風致地区内の浅草公園内に電柱を建てようとした。東京市議会議長・楠本正隆あてに提出した「浅草公園電線架設願」の文面には、「欧米ニ在ツテハ電線ノ交叉蜘蛛網ノ如ク帆檣ノ差セル林立ノ如キヲ以テ風流ノ極ト為シ以テ文明ノ象ト為ス甚タ遥庭ノ談ナリトス」と記している。

このような書面を市議会議長あてに提出したのは、余りに節度のない所業であったと判断される。この内容は明治期の電燈事業を扱う研究論文に多々引用されているが、これは西欧諸都市における電燈事業の実情を正しく伝えたものではない。

東京電燈會社がビルの上を通過する電線群を「風流の極」と言うのであれば、皇居周辺の美観地区において、電燈線をビル群の上空に張り道路上に電柱を建てないようにするのが最も効果的であった。

日本人の感性と誤訳

一九〇八年に出版された逓信省通信局の報告書『欧米ニ於ケル電氣事業（留學生遞信技師廣部徳三郎報告）』によれば、「人畜ニ傷害ヲ及ホシ且ツ市内街道ノ美観ヲ損スルヲ以テ市ハ此レヲ凡テ地下線ニナサシメントセリ」と報告している。

これも藤原淳一郎が指摘した実態とは異なり、米国において「美観上」から地中線にしたと記したことは誤解を生む。

廣部徳三郎の立場を慮れば、日本人の感性から「美観を損する」と判断したとしても致し方ないものと判断されるが、そうした二次資料を参考に電柱整理を論じてきた私たちは改めて二次資料に留意すべきである。ニューヨーク州などが「美観を損する」として電柱を整理した事実はない。

また日本電線工業會の『電線史』にも、「外人の居留地では、架空線を張られては風致を害するという苦情があったので、その地域では、余儀なく高価な地中線を布設した」と記されている。

筆者が外国人居留地における議事録を調査した限りでは、大阪川口居留地における「領事館大阪協議会議事録」（全記録）に、各種電柱に関する記載があった。

調査の限りでは、電報用の電柱建設を六本依頼され、協議会は受け入れている。電話用の電柱建設は二本依頼されたが場所の指定がなされ、居留地境界の河岸に建てた。電燈用の電柱建設に関しては一切認められなくて、地中線にするよう求められた。

ただし、どこにも「風致を害するため」、地中線にしたという英文は見当たらなかった。

一八八九年九月十九日に開催された第九十四回会議の記録を引用すると、「That the application of the Osaka Electric Light Company to set up poles and carry overhead wires through the streets of the Concession be not granted; and that the Secretary be authorized to say that if the wires were taken underground the Council would see no objection, the Company making good all roads」とある。

どこにも風致を害すると読められる表現はない。

残念ながら神戸居留地の議事録は見つからなかったので確定したことは云えないが、英国人が居住する居留地において、電燈線を「風致を害する」という表現で拒否することはない。英国では電燈線が人体に危険を及ぼす恐れのあるものと認識されていたから、居留地の住民としては架空電燈線を認めることは出来なかった。人工的障害物（電柱）と人体に及ぼす危険性の排除こそが、公道における原則になっていた。

「Electric Lighting Progress in London」を著したF.Baileyは、米国における電燈架空線を「常識」あるいは「安全」を顧みない行為と指摘している。

また景観論を書かれた本にも、「ガスはもとより管が地中化されている……電線は架空できるのだが、それでは安くつきすぎて競争条件が公正ではない」と記されている。

電気学会が一九九〇年に地中配電技術動向調査専門委員会を立ち上げ作成した『地中配電の技術動向』p.13には、『「管路埋設のための掘削工事に関する事項、専用などの契約違反事項、設備に関する損害賠償およびその他工事に関する事項は一八四七年ガス工事法による」ことが明記され、以降、電気とガスを同等に取り扱うことがうたわれた』（原文）とあるが、ここにある「電気とガスを同等に取り扱う」という意味は、先行するガス事業における道路埋設に関する一般規定を電燈事業にも適用するということである。また原文にある「専用」は「占用」の誤字と思われる。

また同ページには、「ガス事業が地下埋設のガス管を延長しない限り発展し得ないことから、電灯についても地下埋設を要求することになったのである」という文面があるが、筆者が調査した限りでは該当する文献を見つけることはできなかった。

筆者が論述したように、電燈事業でも慣習法の規定により公道においては地中埋設しか術がなかったし、加えて人体への危険性も指摘されていた。

さらに同ページには「ガス灯と電灯との熾烈な戦いがはじまった」との記述もあるが、これも実態と異なる記述である。英国に電燈事業が導入された当初はロンドンに広くガスシステムが完備していた頃であり、価格競争では全く勝負にならなかった。電気に精通している電気学会の専門部会において、英国の事例に関し誤解される事案があったことは残念である。

我々日本人は誤った知識で、西欧諸都市の無電柱化百パーセントを論じているようだ。

最近の事例としては、第百九十二回国会（二〇一六年）の「無電柱化の推進に関する法律案」の審議（十月十九日）において、政府参考人として答弁に立った国土交通省の道路局長が、「ロンドンでは、十九世紀後半に街灯のための電力線の配置が進められましたが、当初から、競合するガス灯との競争条件を同じにするため、電気事業についても配電線の地下埋設が義務づけられました」（原文）と述べている。国土交通省でもロンドンにおける架空線整理の実像を知っていないことが読み取れるし、史実と異なる答弁をしている。

新・道路法の位置づけと事業者の考え方

一九五四年の第二回日本道路会議論文集には、「架空電線路の道路占用について」と題する東京電力の方の投稿がある。

それによれば、

第一に、電線路の建設が技術的に見て効率のよいこと
第二は、建柱作業の簡単化と電力供給の速応性が得られること
第三は、運用上保安性が大なること
とし、電線路の受益は、電気料金に還元されて、公衆が利益を享受することになるとしている。
結論は、事業者サイドに立った道路占用の必要性が強調されている。
そこには、断線による人体への危険性とか、断線による停電の影響とか考慮されていない。「運用上保安性が大なる」というのは、あまりに手前勝手な論理と思われる。

公益事業者としての通信や電気事業者は、道路占用物である電柱や架空線を当然の権利としている。それは新・道路法が電柱・架空線を義務占用物件に位置付けたためである。

電柱と架空線という占用物について、「一般公衆にとって迷惑行為にあたるものなのか」、「消火活動に影響を及ぼすものであるか」、「巨大地震時の電柱倒壊によって自宅に被害を及ぶ恐れをどう捉えるか」、「暴風時に交差点部の横断ケーブルが断線し電力（低圧・高圧）ケーブルが水に触れたとき、近くにいる人の生命に危険とならないか」など様々な観点から論じてこなかった。経済成長がすべてであり、安全・安心はずっと後ろに位置付けられた。

義務占用規定から脱却を

現行・道路法の第三十六条第一項には、義務占用物件に関する規定が設けられている。公益性が高い事業者に対する道路占用物には道路管理者の裁量を制限する措置がなされており、電柱と

架空線は特別なものとされている。このことがイングランドと日本の道路空間に、決定的な違いを生んでいる。

イングランドでは電柱が「公道の障害物」にあたり設置できないが、日本では「一般公衆の生活に必要不可欠な占用物件」とされており、相反する立場に置かれている。

そうした法規範で対処してきた日本が、ロンドンの無電柱化百パーセントに言及し「程遠い」と言うのは、あまりに無理筋ではなかろうか。

盲導犬に支えられた視覚障害者の方々の通行安全に、国は配慮しているであろうか。

東京二〇二〇パラリンピックでは、様々な障害を持った選手たちが懸命に励んだ努力の成果を披露していた。私たちは健常者と障害者が共生できる道路空間を構築するために何ができるか考えたことがあるだろうか。

これだけ豊かな国家になったのに、道路空間は余りにお粗末である。世界と異なる価値観で道路空間を捉えている。世界第三位の経済大国でありながら、「電柱と架空線在りき」の発想から脱却できないでいる。都市空間を全国画一的に決めるのではなく、各道路管理者に裁量権を付与すべきである。都市によって密集度も違うし生活環境も異なるから、都市が独自の生活空間を構築し、安全・安心な街を競い合うようになれば大きな変化が生まれるだろう。

「電柱を景観上から論じる」から「共生社会における道路空間の在り方」へ

多くの識者が電柱を、「景観を遮るやっかいもの」とか「風景が荒廃しているような状況」という表現で扱ってきた。そして電柱のある風景を「その国の国民の感性が映し出されている」とさえ言い放ってきた。しかしながら、法制度面の是非から論じることはなかった。

日本には多くの「電柱のない街づくりＮＰＯ」が存在するが、過去の西欧諸都市の経緯に触れた部分には史実に基づかない資料が多く掲載されており、多くの人々がそれを信用しているのは残念である。

正しい情報を確認され、掲載されることが望まれる。

おわりに

本書は日本において巷間云われているロンドンの無電柱化が何時から始まったのか、無電柱化は景観上からなされたのかという多くの日本人の疑問に対し、筆者なりに調査した結果を記したものである。

筆者は道路空間における生活インフラにあたる各種事業について、その発展過程を議会資料や出版物さらには雑誌等から調べ、それら事業の架空線が都市改造時においてどのように増え、そしてどこに収容されたのか調査した。そのため、法案に止まったものについても調査し、法にならなかった理由と実態を調査した。

その結果、道路を利用する生活インフラとしての公益事業では、イングランドに根付く慣習法により、通行に支障になる場所に半永久的な障害物（オブストラクション）を設けないと云う法規範が適用され、街中では一切設置されなかったことを確認できた。

また上空の各種架空線は少条数であれば迷惑行為（ニューサンス）とは認識されなかったものの、多条数になると傍目にも鬱陶しく、断線して落下する恐れがある場合には、ニューサンスと見なされ裁判に訴えられ、裁決が下されたことも確認できた。

しかしながら各種架空線が近距離にある場合は、束ねた電線であっても誘導電流によって通信阻害が多発し、電信通信や電話通信が思うようにできなかった。

鉄道用伝達装置として電信が使われた初期の頃は、信号パルスの違いは熟練技能者の技に頼っていた。そして熟練技術者の技を必要としない装置が開発された。ましてや高圧電燈線が架空線になっている個所では、広く通信障害が発生した。それでも架空線が一向に撤去されることはなかった。

その理由としては、法規制が及ばない上空に敷設されたことにあった。それでも地方自治体が条例を制定することで、架空線を地下に移行させることは可能であったが、自治体が積極的に架空線条例を制定することもなかった。また商務省が積極的に関わることもなかった。

そうした意味では、慣習法の果たした役割（道路上に障害物を設置できない）はとても大きかった。この慣習法がなかったら、ロンドンの街中に電柱が立ち並んだことであろう。それは英国からの移民が多かった米国で実証されている。ニューサンスという概念によって架空線は、大都市を中心に地中化されている。


また地下に埋設された電線は水没個所や湿気の強い場所において、電線同士の接続部の絶縁不良から通信障害が多発した。そのため絶縁材にマレーシア原産のゴム状の樹液を使用したが、生のゴム状樹液では劣化が激しく十年も経つと絶縁不良が目立ち始め、再び通信障害が発生した。

このように技術力の有無に関わりなく、法規範が壁になっても事業を営んだイングランド人の志の高さには敬服する。そして技術の壁を乗り越え、それを克服した姿勢にも驚嘆するばかりだ。

「はじめに」で述べたテオドール・フォン・レルヒが著した『JAPAN』（原題）には翻訳者が掲載していないものがある。それによれば、「日本人は発明者でもなければ、新しい創造者でもなく、利用者である。一般的には、科学的な、技術的な分野では困難を排して研究をするための適性は持っていないということであろう。そしてまた、日本人は独自に探究するためにはヨーロッパとの関係がまだ、時間的に短すぎるということであろう」と述べている。いろいろな見方はあるものの、電燈事業において公道上の断線による人体への影響に重きを置かなかったことは確かなことであった。

初めから電信装置に関わり技術の改善を図り自動装置まで確立させたチャールズ・ホイートストンや、世界でも例のない電燈供給システムを確立させたセバスチャン・フェランティを今回の調査において初めて知ったが、彼らを知るために調べた電信電力に関する日本の出版物には、彼らの功績を詳しく記述したものがなかったのは意外であった。

自然災害が多発する日本において、電柱が強風で倒れ架空線が寸断しても、人海戦術で復旧することのみにまい進する。電気が数日以上途絶えても、通信が途絶えても、決して地中埋設に移行させようという国民運動が盛り上がることはない。

今後、高齢化が進み復旧要員が不足するであろうと思われるが、電力会社や通信事業者は、いつまで人海作戦でしのぐつもりなのだろうか。

電力供給を途絶えさせない、電話通信を遮断させない、それは生活インフラを支える事業者の使命ではないかとも思われる。

　復興特別税のような税制度を設けてでも、交差点部の電柱整理と横断架空線の撤去、商店街の横断線の除去くらいは可能だろう。小さな町であっても、道路を横断する架空線が無くなるだけで安全性は増すだろう。交差点部の電柱がなくなるだけでも、通行する人や自転車や車による事故が減るだろう。視覚障害者の方の不自由さを感じているだろうか。交差点部の電柱の陰に隠れた人をみて、ハッとした人は少なからずいるであろう。そうした精神状態を改善するくらいの気概を事業者には求めたい。

　ロンドンにおいて架空線のために無用に多額の費用が費やされたことを顧みれば、日本の各都市において生活空間における最小限の地中線化（交差点部）と横断架空線の撤去は、費用的にも技術的にも充分実施できるものと判断される。各種事業者には各省庁や国会さらには自治体の道路管理者との意思疎通を図り、新たな制度設計を求めたい。

　安心・安全な道路空間創出のために皆が協力し、子供たちに誇れる未来を提供できるよう希望してやまない。

注

はじめに

注一　本書において用いるシティおよびロンドン市ならびにロンドンの名称を、次のように定める。

シティ　　　：ロンドン市のうち、かつて市壁で囲まれていた区域内を指す。

ロンドン市：特権的行政区域とシティを含むロンドン市の全域を指す。

ロンドン　　：1855年制定の首都運営法（Local Management Act）第250条に定めるメトロポリスとして包含される区域を指す。

　本書では架空線整理と共同溝に関するものを、ロンドン市を中心に1855年に定める区域に限定する。また1888年には首都運営法に代わる州議会法が定められたが、メトロポリスの中核を為す区域は変わっていないので、同一区域内を対象にしている。

第1章

注一　本書における電信（電報）は、鉄道用信号以外の目的のために使用されたものを指す。それまでにも機械式・電磁式・油圧式・化学式・圧送式など様々な信号伝送装置が開発されているが、広く大衆向けの電報に特化した情報伝送装置で電気を用いるものを電信（電報）とする。

注二　ロンドン市における排水・舗装委員会は1855年まで主に排水や雨水を扱っていたので、この名称にしている。法におけるsewerの定義修正時を以って、下水道委員会に名称変更することにしている。

　中世のころから用いられたsewerはseaとwereの合成語であり、海に囲まれたイングランドにおいて船が通れる水路を指していた。イングランドでは干満の差の大きい北海から押し寄せる高潮と地表面に降った雨を制御することが重要であったので、その管理が役目になった。

　古くは1091年に発生した洪水でロンドン橋が流され、1235年の洪水では議会が浸水し、ボートで救出されている。

　こうした大洪水の原因と被害を調査するために1427年に法（6 Hen, 6, c.5）が制定され、水路委員会が設置された。その後、1429年には法（5 Hen.6, c.3）によって委員会の権限が拡大され、1531年に

は法（23 Hen.8, c.5）において各地の委員会に溝や土手さらには海岸線の構造について修理まで任されることになった。

1605年のsewerの解釈に関する法（3 Jas.1, c.14）において、もともとsewerが有する意味（船の通れる水路）に溝（gutters）・小川（streams）・運河（watercourse）などで囲まれた範囲も水路委員会の管轄区域になった。さらにsewerの意味するものに、public sewer（川や小川や海への放水路）とcommon sewer（道路や家々から集められた雨水を流す施設）さらにdrain（個人の所有物）が加えられた。

シティでは1667年にシティ再建法（19 Car.2, c.3）が制定され、市に大きな権限を有する委員会の任命権が与えられ、水路委員会は排水・舗装委員会へ名称変更している。

ロンドン市は1855年まで汚物を雨水渠に放流させることを禁じていたし、市独自のsewer法を有していた。以上から、1855年までのsewerが有する意味を今日的な下水道と表記するのは妥当ではないと判断した。

本書ではロンドン市を除く首都圏の排水・舗装委員会の表記も、廃水と汚物を雨水渠に放流させる決断をした時を以って、下水道委員会に改めることにした。同時にロンドン市を除く首都圏の雨水渠も、1855年を以って汚物の投棄が可能な下水道に名称変更するものとする。

sewerの解釈にあたっては「Report from the Select Committee on Sewage (Metropolis)」pp.124-130における委員会議事録における解釈を参考にした。

また本書に示す下水道とは、家庭・工場の廃水や雨水さらに自由地下水、加えて水洗トイレの排泄物を流すものを指す。従来の水路は、自由地下水と表面水を集めて流すための施設であり、これを雨水渠とした。

なお同委員会は二百三十年もの長きにわたり絶大な権限を有したが、1898年にその役目を終えている。

第2章

注一　ニューサンスについては『英米法辞典』（1991年）pp.595～596に示されたものにしたがっている。それによれば、「パブリックニュー

サンスとは一般大衆が享受する共通の権利の行使、または公共財産の使用を不当に妨げ、一般に不便、損害を生じる行為をいう」とされる。

注二　本書における道路管理については、武藤博己著『イギリス道路行政史』p.23に示されたことを援用している。本書における道路空間の電柱規制に関する裁判結果は、同書に示された内容と同一と判断した。

またロンドンにおける電柱・架空線と景観阻害の関係についても筆者が調べた限りでは、エドウィン・チャドウィックの『ロンドンにおける労働者と貧困』においてのみ、「Object for Sight」という表現で見受けられたに過ぎない。当時、Landscapeとは緑を伴った庭園に用いられており、今日的な表現とは異なっている。今日的な発想で百数十年前のロンドンと対比するのは無理があると判断した。

さらにイングランドの公道上における電柱はオブストラクション（半永久的な障害物）であり、上空における多条数の架空線は公的ニューサンスとして捉えられ、生命や財産に危険を及ぼすものと認識されていた。

英国において電柱・架空線が景観阻害要因として法律に明記されるのは、1957年制定の電力法（5 & 6 Eliz.2, c.48）・第三十七条（快適性の保持・保存）において、田舎地帯の自然美を保全するために電柱等を規制する規定が初めてと判断される。

それゆえ英国におけるランドスケープとしての電柱と架空線の整理は、二十世紀半ば以降に始まるものと判断される。

第3章

注一　サブウェイ（共同溝）の歴史については、八十島義之助「共同溝に就いて」や佐藤秀一『共同溝』にも記載がある。また開発問題研究所『キャブシステム』にも記載がある。『キャブシステム』では景観的観点からの指摘がなされている。

八十島の書物「共同溝に就いて」は研究ノートであり公にされたものではなく、そのため同ノートに示された出典元を確認したところ、多くの共同溝について出典元が確認できなかった。本書では、最低限の記載にとどめた。

金子源一郎の「輓近に於ける地下埋設物の整理に就て」（土木學會誌　第十六巻第六號　pp.311～336）は、英国における多くの出版物

と整合されていた。

研究投稿論文には井上力・手塚晃「共同溝について」（電気公論1963年7月号 pp.19〜21）、道路局路政課「共同溝の効用と問題点」（建設月報1962年12月号 p.9）などに記載がある。

なお、どれにもガス爆発の危険性から水道管が入溝しなかったことや、ガス管も街燈用の細い管しか入らなかった事実までは記載されていない。

共同溝は当初 British・Sub-way と称されたが、のちに Subway となりテームズ川底に歩行者用地下道が設けられ法的に地下道が定義されると、Pipe Subway と称されるようになる。地下鉄道は Underground Railway とされていたが、途中から Subway が一般的になっている。

The British Library でのレファレンスにおいて、筆者は共同溝の英単語が分からず大変苦労した。

第6章

注一　電話通信は1880年12月における高等法院での判決によって、電信の一種とされた。その結果、法的には電話通信という表現は用いられていない。初めて電話的相互通信という表現がなされたのは、1892年の改定・電信法においてである。しかしながら電話会社が設立され、実態として電話通信が存続していたので、本書においては電信とは別に電話という表現で統一した。

注二　1879年11月27日付でエディソン電話会社を訴えた法務総裁の理由については、アルバート・アンズがナショナル・テレフォン・ジャーナル誌（1911年11月号, p.156）に掲載している。それによれば、ふたつの理由を挙げている。ひとつめは、被告の会社が所有する電話線や器具は、議会法で定めた電信にあたる。したがって送信されるメッセージは電信である。二つめは、被告の会社が送るメッセージは、電信法1869に定める郵政大臣の権限を侵すものである。エディソンとベルはこうした国家の強権的な行為に対し対抗するためにも、1880年5月に合併の道を選んだものと考えられる。

第7章

注一　電気事業における規制は電燈事業法1882に始まるが、実態は電燈

事業法を受けた暫定命令承認法（商務省の認可を受けた後に議会承認）される仕組みになっていた。各社における電燈事業の運営は暫定命令承認法の内容を確認しないと分からないので、電燈事業法だけを捉えて法規制措置を判断するのは誤解を招く恐れがある。各社の暫定命令承認法に記載された内容を確認されたい。

注二　電気学会の『地中配電の技術動向』において記載されたヨーロッパの地中配電線に関する内容は、同報告書より4年前の1986年に出版された「電氣評論」12月号pp.29〜32に掲載された、「ヨーロッパの地中配電線」と題する記述と同じである。このため学会が書き記した内容は、同報告書より6年前の84年に実施された、「欧州における配電線地中化の実態に関する調査団の調査報告」に依拠しているものと判断される。調査団の総団長を務めた上之園親佐は翌85年の雑誌OHM 7月号に、「ヨーロッパにみる都市配電線地中化」と題する投稿をしており、上之園によれば訪れたロンドン配電局から「都市配電線は公衆安全の立場からも地中化が当然という形で採用されてきているように説明され、なるほどと受け取られた」と記している。こうした一連の流れから判断する限り、地中配電技術動向調査専門委員会（総勢41名で構成）が、独自にヨーロッパの電気事業における背景を調査したとは思われない。景観論の著者に東京電力の理事の方が背景として説明した内容は、前述した資料を引用したものと推認される。東京電力の理事の発言を信用するのは致し方ないものの、裏付けを取らないまま受け入れ、史実のように扱い通説にさせている現状は遺憾に思われる。

筆者の論述を裏付けるものに、坂本倬志の多数の論文がある。坂本によれば、「低いガス灯価格との困難なコスト競争が大きな問題となった。……電灯普及はほとんど進展しなかった」（「1880年代イギリスにおける電気普及の遅れと初期電灯企業」: 經營と經濟第55巻1号）。「ガス産業との不利な競合条件や法律的規制によって発電所建設需要が一向に高まらなかった点に求められる」（「イギリス電機産業形成期における技術・市場・企業者活動」: 一橋論叢第77巻6号）。その他の坂本論文は参考資料に記しているので参考にされたい。

筆者もまたメトロポリスにおける電燈供給エリアの変遷（1891〜1893年）を口絵に示しており、電気学会が指摘するような両者によ

る熾烈な戦いが電燈事業法 1882 成立後、直ちに発生した様子はどこにも見られない。電燈事業法は事業者に 21 年という短い営業期間しか認めていなかったので、電燈事業法が改訂され事業期間が 42 年に延長される 1888 年までは停滞を余儀なくされている。電燈事業が本格的に稼働するまで、電燈事業法 1882 が成立してから 10 年以上もの月日を必要としたのである。

ロンドン市も価格差を 1879 年に設けたアーク燈と既存ガス燈で検証し、その後も価格差を長期間にわたり調査している。自家発電に近い直流方式の中央発電所方式（半径 1km 足らずの狭い範囲）では、郊外からパイプ供給するガスの大規模システムに太刀打ちできないことは明白であった。

また同頁には、「電気とガスを同等に取り扱うことがうたわれた」との文言がある。これは電燈線を入れるダクトや鋳鉄管の敷設にあたってガス工事約款法に準じることを示している。国土交通省の局長による国会答弁も同様の内容であるので、改めて一次資料に留意されたい。

表紙の写真は BT Archives の License 取得済のものである。

参考文献

個別法は「A collection of the Public General Statutes」・「Statutes at Large of England」・「Personal and Local Acts」・「London Statutes Vol.Ⅱ (1889 to 1907)」および国会図書館へのレファレンスで収集した。

一般法は「Statutes at Large from Magna Charta」・「legislation.gov.uk」から収集した。

イギリス議会資料は京都大学附属図書館（稲盛文庫）で閲覧し、許可を得られた図面類についてカラーコピーした。

なお法律名称は筆者の解釈において書き記したものに過ぎない。特に訳するに適切と思われる日本語が見当たらないと思われたものは英語の略称にとどめた。

そのため他の出版物との整合性等は考慮していない。

第１章

・「Patents for Inventions. Abridgements of Specification Relating to Electricity and Magnetism」, 1859 年, pp.24～25, p.27, p.35, p.59, p.92

・William Cooke, 『Telegraphic Railways』, 1842 年, pp.39～50

・Robert Sabine, 『The History and Progress of the Electric Telegraph』, 1869 年, pp.240～248, pp.266～273

・William Cooke, 『The Electric Telegraph』, Part Ⅱ, 1856 年, pp.32～33

・Thomas Cooke, 『Authorship of the Practical Electric Telegraph of Great Britain』, 1868 年, pp.22と23の間

・「Journal of the Society of Telegraph-engineers and Electricians」, Vol. XVI, 1887 年, pp.400～405

・「The Journal of the Society of Arts」, Vol. VI, 13 Aug, 1858 年, pp.586～587

・「Nature」, 27 May, 1875 年, p.71

・Francis Ronalds, 『Descriptions of An Electrical Telegraph』, 1823 年, pp.3～8, pp.11～18

・「The Railroad and Engineering Journal」, Vol. lxi, 1887 年, pp.368～370

・「Mechanics' Magazine, Museum, Register, Journal, and Gazette」, Vol. XXXIII, 1 Aug, 1840 年, pp.162～170

・「The Practical Mechanic and Engineer's Magazine」, Vol.Ⅱ, 1843年, p.390
・Dibner, Bern,『The Petition of Alexander Bain Against, and the Evidence before the Committee on, The Electric Telegraph Company Bill』, 1846年, pp.4〜5, p.32, pp.43〜44
・「The Civil Engineer and Architect's Journal」, Vol.XXII, 1859年, p.312
・Andrew Wynter,『Subtle Brains and Lissom Fingers』, 1869年, pp.362〜371
・江崎昭『輸送の安全からみた鉄道史』, 1998年, p.34, pp.117〜131
・国際電信電話会社『腕木通信から宇宙通信まで』, 1968年, pp.25〜29
・高木純一『電気の歴史計測を中心として』, 1967年, pp.84〜85
・国際電信電話会社編訳『英国における海底ケーブル百年史』, 1971年, pp.2〜3, pp.4〜8
・藤原淳一郎『十九世紀米国における電気事業規制の展開』, 1989年, p.10, p.98
・坂本倬志「イギリス電力産業萌芽期における国家規制政策の失敗」, 神戸学院経済学論集, 第30巻1・2号, 1998年, p.109
・若井登・高橋雄造『てれこむノ夜明ケ』, 1994年, p.42
・「Minutes of Proceedings of the Institution of Civil Engineers」, Vol. XXXVII-PART. II, 1874年, pp.142〜149

第2章

・「The Common Law Reports, 1853-4」, Vol. Ⅱ._Part Ⅰ, 1854年, pp.467〜474
・「Reports of Cases in Criminal Law 1861 to 1864」, Vol.IX, 1865年, pp.137〜144, pp.174〜179
・「Reports of Cases in Chancery」, Vol.XXX, 1863年, pp.287〜295
・「The Law Times Reports」, 22 Jul, 1876年, pp.752〜757
・「Reports of Cases Decided by the Railway Commissioners」, Vol.IV, 1885年, pp.301〜309
・『Government and the Telegraphs』, 1868年, pp.1〜17
・「Accounts and Papers」, Vol.LX, 1862年, p.280
・「The Electrical News and Telegraphic Reporter」, Vol.I, 8 Jul 1875年, p.18
・武藤博己『イギリス道路行政史』, 1995年, pp.23〜24, p.46, p.52
・松波京子「1868年イギリス電信国有化法における公益性の概念に関する言説分析」経済科学, 第61巻 第3号, 2013年, pp.53〜70

・「Special Report from the Select Committee on the Electric Telegraph Bill」, 16 July, 1868 年, p. iii, p.135, p.172, Appendix, No.6.
・「Report from the Select Committee on the Telegraph Bill」, 22 July, 1869 年, pp.6～8

第 3 章

・Samuel Hughes,『Gas Works : Their Construction and Arrangement』, 1885 年, p.19, pp.22～24
・John Timbs,『Curiosities of London』, 1855 年, p.324
・「The Journal of the Society of Arts」, Vol. VI, 1858 年, p.105
・「The Civil Engineer and Architect's Journal」, Vol. XX, 1857 年, p.380
・「The Civil Engineer and Architect's Journal」, Vol. XXVIII, 1865 年, p.222
・John Williams,『An Historical Account of Sub-ways』, 1828 年, p.6, p.18, p.25, pp.41～45
・「The London Journal of Arts and Science; containing Reports of All New Patents」, Vol. V, 1823 年, pp.9～10, pp.29～34
・「London County Council. By-Laws and Regulations」, 1906 年, pp.286～288
・「Journal of the Institution of Electrical engineers」, 1894 年, Vol. XXIII, pp.142～288
・「Engineering : An Illustrated Weekly Journal」, 1872 年, Vol. XIV, pp.435～436
・「Report from Committees : Thames Embankment」, Vol. XII, 1840 年
・「Report from Committees : Metropolis Subways Bill」, Vol. XI, 1867 年
・「Report from Committees : Thames Embankment」, Vol. XX, 1860 年
・「Report from the Select Committee on the River Thames」, 1858 年
・「Report from Committees : Thames Embankment (North Side) Bill ; Thames Embankment (South Side) Bill」, Vol. XII, 1863 年
・「Report from Committees : Metropolitan Subways Bill」, Vol. XI, 1864 年, pp.vii～ viii, pp.2～9, p.287
・Percy J. Edwards,『History of London Street Improvements, 1855-1897』, 8 Feb, 1898 年, pp.9～12, PP.25～63, pp.125～126, p.134, p.138, p.161, pp.177～178, pp.181～182
・「The Commissioners of Sewers of the City of London」, 1898 年, p.27
・「Strand Magazine」, Vol. XVI, Sep, 1898 年, pp.138～147

・竹田範義「19 世紀 London ガス産業の発展」調査と研究, 第 39 巻 第 1 号(2008 年), pp.25～37
・竹田範義「19 世紀イギリスガス事業における会計計算書の変遷」長崎県立大学論集, 第 41 巻 第 4 号(2008 年), pp.169～194

第 4 章

・Thomas Wicksteed,『Observations on the Past and present supply of Water to the Metropolis』, 1835 年, pp.1～14
・Zerah Colburn,『The Waterworks of London』, 1868 年, p.3, p.18, p.34, p.44, p.58, p.64
・Philip Scratchley,『London Water Supply』, 1888 年, p.73, p.98, p.111, p.133
・「Minutes of Proceedings of the Metropolitan Board of works」, 1856 年, p.40, 1860 年, pp.321～322, p.398, p.513, 1861 年, p.198, p.483, p.509, 1864 年, p.202, 1872 年, p.224
・「Report from Committees : Metropolis Improvement」, Vol.XII, 1840 年
・H.TRaill,『Social England』, Vol.II, 1894 年, pp.239～240
・「Metropolitan Sanitary Commission. First Report of the Commissioners」, 1847 年, pp.1～4, pp.27～28, pp.67～68
・「First Report of the Commissioners for inquiring into the State of Large Towns and Populous Districts」, Vol.II, 1844 年, pp.27～28, pp.67～68, pp.154～156, p.216
・「Second Report of the Commissioners for inquiring into the State of Large Towns and Populous Districts」, Vol.I, 1845 年, pp.12～13,
・「Second Report of the Commissioners for inquiring into the State of Large Towns and Populous Districts」, Vol.II, 1845 年, pp.185～186,
・Edwin Chadwick,『大英帝国における労働人口の衛生状態に関する報告書』1990 年, 日本公衆衛生協会, pp.123～125, pp.130～142, pp.149～151, pp.184～187, pp.411～452, pp.499～501
・Henry Mayhew『 London Labour and the London Poor』, Vol.Ⅱ, 1967 年, pp.389～393, pp.399～405
・Madeleine P. Cosman,『Fabulous Feasts』, 1995 年, p.80, p.83, p.93, p.95, p.98, p.101
・「The Journal of the Society of Arts」, Vol.VI, 8 Jan, 1858 年, pp.103～105

・Joseph William Bazalgette,「Report to the Metropolitan Commissioners of Sewers」, 1853 年 pp.7～8
・Joseph William Bazalgette,「Report to the Metropolitan Commissioners of Sewers・Northern Drainage」, 1854 年 pp.1～15
・Joseph William Bazalgette,「On the Metropolitan System of Drainage」, 1864 年 pp.5～10
・「The Chemical News and Journal of Physical Science」, Vol. XV, 1867 年, pp.307～308,
・「The Journal of the Society of Arts」, Vol. XXIII, 30 Jul, 1875 年, pp.791～792
・「Ten Years' Growth of the City of London」, 1891 年, p. 47
・「The Journal of the Society of Arts」, Vol. XXIII, 30 Jul, 1875 年, pp.791～792
・Richard Brown,『Domestic Architecture : containing a History of the Science』, 1841 年, pp.146～147
・W. J. Gordon,『Horse-World of London』, 1893 年, p.24, p.26, p.32, p.113
・H. Gibbins,『Industry in England Historical Outline』, 1897 年, pp.310～311, pp.327～328
・「The Illustrated London News」, Vol. L, 12 Jan, 1867 年, pp.47～48
・赤津正彦「19 世紀イギリスの煙害問題と都市環境」, 史潮 69 巻, 2011 年, pp.37～48
・見市雅俊『コレラの 世界史』, 1994 年, pp.94～98
・坂巻清「イギリス近世国家とロンドン」, 立正私學, 109 号, 2011 年, pp.1～20
・芝奈穂「19 世紀初頭における王室リージェンツ・パーク・エステート計画に関する考察」, 愛知学院大学文学部紀要 第 44 号, 2014 年, pp.41～82
・山崎勇治『石炭で栄え滅んだ大英帝国』, ミネルヴァ書房, 2008 年, pp.30～31
・門井昭夫『ロンドンの公園と庭園』, 2008 年, 小学館スクウェア, pp.20～22, p.34
・柴田徳衛『日本の清掃問題』, 1961 年, 東京大学出版会, pp.48～53
・「Report of the General Board of Health on the Epidemic Cholera of 1848 & 1849」, 1850 年, Appendix B
・H. Repton,『The Landscape Gardening and Landscape Architecture』, 1840 年,

pp.29～31, pp.78～83, pp.111～114, pp.350～351
・George Humphreys,『London County Council. Main Drainage of the Metropolis』, 1930 年, pp.10～15
・Baldwin Latham,『Sanitary Engineering; A Guide to the Construction of Works of Sewerage and House Drainage』, 1873 年, pp.328～329
・William Humber『A Record of the Progress of Modern Engineering』, 1865 年, pp.25～36, pp.57～61, pp.125～126, pp.134～138, pp.161～163, pp.177～182
・「Littell's Living Age」, Vol.I, 1894 年, pp.510～512

第5章

・David Hughson,『London ; Being An Accurate History and Description of the British Metropolis and its Neighbourhood』, Vol.I, 1805 年, pp.546～552
・『London in Modern Times, Or, Sketches of the Great Metropolis During the Last Two Centuries』, 1851 年, pp.163～165
・「The London Magazine : Or, Gentleman's Monthly Intelligencer」, Vol.XXXII, Apr, 1763 年, pp.181～186
・「The London Magazine : Or, Gentleman's Monthly Intelligencer」, Vol.XXXII, Apr, 1762 年, pp.331～334
・Sampson Low,『Her Majesty's Mails : An Historical and Descriptive Account of The British Post-Office』, 1864 年, pp.38～46
・William Lucey,『Old London Bridge』, 1864 年, p.9
・Thomas Reddaway,『The Rebuilding of London After the Great Fire』, p.32, pp.38～39, p.102, p.110,
・Walter Birch,『The Historical Charters and Constitutional Documents of the City of London』, 1887 年, p.129
・Henry Chamberlain,『A New and Compleat History and Survey of the Cities of London and Westminster』, 1770 年, pp.259～262
・「Accounts and Papers : Thirty Volumes」, Vol.XLVIII, 1851 年, pp.5～12
・T. Smollett,『The History of England ; from the Revolution in1688, to the Death of George II』, Vol.II, 1770 年, p.651
・今野源八郎「初期資本主義時代に於ける道路及び道路交通の發達―イギリスを中心として」, 經濟學論集, 18 巻 1・2 号, 1949 年, pp.1～48

・William Haywood,『General Improvement of the City. Report to the Court of Common Council from the Improvement Committee』, 1869 年, pp.49～51
・「Royal Commission on London Traffic」, Vol.III, 1905 年, pp.639～641
・「Royal Commission on London Traffic」, Vol.II, 1905 年, pp.779～788
・「The Gentleman's Magazine」, Vol.XLIII, 1855 年, p. 363

第6章

・「The Law Journal Reports : [1822-1949]」, Vol.50, 1881 年, pp.145～155
・『Reports of Cases Decided by the English Courts』 Vol.XXXVII, 1887 年, pp.717～735
・「Patents for Inventions, Abridgements of Specification. Electricity and Magnetism」, 1874 年, p.125
・「Patents for Inventions, Abridgements of Specifications. Class 40 Electric Telegraphs and Telephones」, 1876 年, pp.174～175
・「Report from the Select Committees of H・C, and Evidence [Communicated]. 1898」, Vol.XI, 1898 年, p.318, p.324
・Walter C. Owen,『Telephone Lines』, 1903 年, pp.79～82, pp.125～127 pp.201～203, pp.217～219, pp.246～258
・「Report from Committees : Telephone and telegraph Wires」, Vol.XII, 1885 年, pp.iii～ vi, pp.3～9, pp.37～39, pp.43～46, pp.71～74, pp.87～88
・「Report from Committees : Post Office(Telegraph department);」, Vol.XIII, 1876 年, p.7, p.29, p.83, p.217, p.225 p.234 p.312
・「The National Telephone Journal」, Vol.VI, 1911 年, pp.156～163, pp.188～189
・J. Hemmeon,『The History of the British Post Office』, 1912 年, pp.219～225, pp.231～232
・A. Graham Bell,『The Multiple Telegraph』, 1876 年, p.9, p.18, 附図
・Abridgements Class Electric Telegraph, 1876 年, pp.174～175
・「Report from the Select Committee on Post Office(Telephone Agreement)」, 31 July, 1905 年, pp.1～8, p.82, p.235
・Joseph Poole,『The Practical Telephone Handbook』, 1892 年, p.202
・「Post Office and Telephone Companies' Agreements」, 7 Aug 1894 年, p.3
・「United Telephone Company Bill 1885」, Parliament Archive, HL / PO / PB

/18 / 3 / 57
・Hugo Richard Meyer,『Public Ownership and Telephone in Great Britain』1907 年, pp.5～6, pp.13～15, p.18, pp.74～98, pp.133～138
・Hugo Richard Meyer,『The British State Telegraphs』, 1907 年, p.388
・「The Statist, A Journal of Practical Finance and trade」, Vol.XLIII, 18 Feb, 1899 年, pp.261～263
・William Henry Preece,『The Telephone.』, 1889 年, pp.481～482
・Hugo Richard Meyer,『Public Ownership and The Telephone in Great Britain』, 1907 年, pp.5～6, p.13, pp.15～18, p.21, pp.74～98, p.133

第 7 章

・「Report from the Select Committee on the Lighting by Electricity」, 13 June, 1879 年, p.115, pp.203～206, p.212, p.277
・「Report from the Select Committee on Electric Lighting Bill」, 12 June, 1882 年, pp.x ～ xi, p.29, p.44, p.63, p.110, p.122, p.198, p.206, p.254
・Hugo Richard Meyer,『Municipal Ownership in Great Britain』, 1906 年, pp.2～6, pp.195～196, pp.200～202, pp.267～268
・坂本倬志「イギリス電力産業の生成・発展と電気事業法の変遷」, 東南アジア研究叢書, 1983 年, pp.19～24, pp.29～32, p.41
・坂本倬志「1880 年代イギリスにおける電気普及の遅れと初期電灯企業」, 經營と經濟, 第 55 巻第 1 号, 1975 年, pp.97～123
・坂本倬志「イギリス電力産業萌芽期における国家規制政策の失敗」, 神戸学院経済学論集, 第 30 巻 第 1・2 号, 1998 年, pp.81～114
・坂本倬志「イギリス電気事業の成立過程」, 一橋論叢, 第 72 巻 第 3 号, 1974 年, pp.79～85
・H. Montague Bates,『Origin, Statutory Powers and Duties』, 8 Jan, 1898 年, p.27
・「Journal of the Institution of Electrical engineers」, Vol.xxiii, 1894 年, pp.120～199
・「Journal of the Society of Arts」, Vol.XXXIX, 12 Dec, 1890 年, pp.51～63
・Adam Gowans Whyte『The Electrical Industry』, 1904 年
・「The Telephonic Journal and Electrical Review」, Vol.XXIV, 25 Jan, 1889 年, p.101, 5 Apr, pp.390～392, 12 Apr, pp.420～423, 19 Apr, pp.448～450,

26 Apr, pp.477～479, 3 May, pp.513～515, 10 May, pp.532～536, 17 May, pp.571～575
・「The Telephonic Journal and Electrical Review」, Vol.XXIX, 25 Sep, 1891 年, p.367
・「The Electrical Engineer」, Vol.I, 26 Oct, 1888 年, pp.348～352
・「The Journal of Gas Lighting, Water Supply, and Sanitary Improvement」, Vol. LII, 1889 年, pp.955～958, pp.1003～1007, pp.1046～1048, pp.1136～1138, pp.1181～1183,
・「The British Architect」, Vol.XXXVII, 26 Feb, 1892 年, p.167
・「The Electrical engineer」, Vol.XXV, 13 Apr, 1900 年, p.536
・William Saunders,『History of the First London County Council. 1889-1890-1891』, 1892 年, pp.112～113, pp.128～129
・「Report from the Select Committee on Electric Lighting Provisional Orders Bills」, 1883 年
・「Report from the Select Committee of the House of Lords on The Electric Lighting Act (1882) Amendment (No.1) Bill; The Electric Lighting Act (1882) Amendment (No.2) Bill; The Electric Lighting Act (1882) Amendment (No.3) Bill;」, 1886 年
・「The Electrician」, Vol.VIII, 22 Apr, 1882 年, pp.368～370
・「The Electrical World and Engineer」, Vol.XLII NO.10, 5 May, 1904 年, p.452～453
・「The Sessional Papers printed by Order of The House of Lords」, Vol.III Public Bills, 1884 年, pp.406～410
・「The Sessional Papers printed by Order of The House of Lords」, Vol.V Public Bills, 1890 年, Electric Lighting, No.8 to 12

第8章

・Percy J. Edwards,『History of London Street Improvements, 1855-1897』, 8 Feb, 1898 年, p.199, pp.215～216, pp.221～223, pp.251～259, pp.270～272
・「Report of the London County Council to 31st March, 1913」, 1913 年, pp.263～264
・「Hansard's Parliamentary Debates, 53 & 54 Victoria 1890.」, Vol.CCCXLVI, 1890 年, pp.22～37

・「The London Gazette」, 5 Aug, 1892 年, pp.4443～4444
・「Royal Commission on London Traffic」, Vol.Ⅱ, p.222, p.224
・「London County Council. By-Laws and Regulations」, 1908 年, pp.32-42
・William Saunders,『History of the First London County Council. 1889—1890—1891』, 1892 年, pp.109～110
・James Bayles,『Pipe Gallery Experience』, 1903 年, pp.16～21
・「The Electrician」, Vol.XXII, 16 Nov, 1888 年, p.227
・「The Electrician」, Vol.XXV, 4 Jul, 1890 年, pp.46～47
・E. J. Lowe,『Natural Phenomena and Chronology of the seasons』, 1870 年, pp.10～21
・「The Railway News Finance and Joint-Stock Companies' Journal」, Vol.LXXI, 24 Jun, 1899 年, p.969, pp.981～982
・「The Builder. An Illustrated weekly Magazine」, Vol.XLVIII, 31 Jan, 1885 年, p.163
・「Progress Report to the Commission on down-Town Municipal Improvements」, 1914 年, pp.31～32
・「Report and Proceedings of the Belfast Natural History & Philosophical Society for the Session 1891-1892」, 1893 年, p.48

第 9 章

・Sidney and Beatrice Webb,『English Local Government : The Story of the King's Highway』, 1913 年, pp.5～12
・皇居御造営誌 83「電氣燈、電話線、電信線、避雷針設置事業」宮内庁公文書館所蔵, 年月日および頁なし
・中村良夫『風景学・実践篇』, 2001 年, pp.72～75
・佐藤秀一『共同溝』, 1991 年, p.17
・開発問題研究所『キャブシステム・技術マニュアル（案）解説』, 1986 年, pp.66～71
・藤原淳一郎『十九世紀米国における電気事業規制の展開』, 1989 年, p.30, pp.96～98, p.223
・廣部徳三郎「歐米ニ於ケル電氣事業」, 逓信省通信局, 1908 年, p.144
・「領事館大阪協議会議事録」, 大阪府公文書館所蔵, 全 126 回, 1869.5.5～1899.7.17

・『東京電燈株式會社開業五十年史』, 1936 年, p.4, pp.25～26, p.34, p.51, p.53
・社団法人日本電線工業會『電線史』, 1959 年, p.24
・鈴木悦朗「黎明期の電燈事業（東京市内）における建柱架線に関する研究」, 土木史研究, Vol.26, 2006 年, pp.313-320
・「電燈會社創立願」, 会議録・第 2 類・会社・4 冊ノ内 1　明治 15 年自 1 月至 3 月　添付文書「電燈調査報告摘要」

終わりに

・池田弘一「レルヒの日本観に関する一研究―"Japan" における結語を中心として―」スキー研究, VOL.11, No1, 2014 年, pp.73～79